# 計算
# せんもんドリル

# 5年

JN131641

**5**年　　組 ：

# 特色と使い方

● このドリルは、計算力を付けるための計算問題をせんもんにあつかったドリルです。

● 教科書ぴったりトレーニングに、このドリルの何ページをすればよいのかが書いてあります。教科書ぴったりトレーニングにあわせてお使いください。

教科書ぴったりトレーニングのここを見てね

## 🐾 もくじ 🐾

| 1 | 小数×小数 の筆算① |
| 2 | 小数×小数 の筆算② |
| 3 | 小数×小数 の筆算③ |
| 4 | 小数×小数 の筆算④ |
| 5 | 小数×小数 の筆算⑤ |
| 6 | 小数×小数 の筆算⑥ |
| 7 | 小数×小数 の筆算⑦ |
| 8 | 小数÷小数 の筆算① |
| 9 | 小数÷小数 の筆算② |
| 10 | 小数÷小数 の筆算③ |
| 11 | 小数÷小数 の筆算④ |
| 12 | 小数÷小数 の筆算⑤ |
| 13 | わり進む小数のわり算の筆算① |
| 14 | わり進む小数のわり算の筆算② |
| 15 | 商をがい数で表す小数のわり算の筆算① |
| 16 | 商をがい数で表す小数のわり算の筆算② |

| 17 | あまりを出す小数のわり算 |
| 18 | 分数のたし算① |
| 19 | 分数のたし算② |
| 20 | 分数のたし算③ |
| 21 | 分数のひき算① |
| 22 | 分数のひき算② |
| 23 | 分数のひき算③ |
| 24 | ３つの分数のたし算・ひき算 |
| 25 | 帯分数のたし算① |
| 26 | 帯分数のたし算② |
| 27 | 帯分数のたし算③ |
| 28 | 帯分数のたし算④ |
| 29 | 帯分数のひき算① |
| 30 | 帯分数のひき算② |
| 31 | 帯分数のひき算③ |
| 32 | 帯分数のひき算④ |

🏠 おうちのかたへ

・お子さまがお使いの教科書や学校の学習状況により、ドリルのページが前後したり、学習されていない問題が含まれている場合がございます。お子さまの学習状況に応じてお使いください。

・お子さまがお使いの教科書により、教科書ぴったりトレーニングと対応していないページがある場合がございますが、お子さまの興味・関心に応じてお使いください。

# 1 小数×小数 の筆算①

**1** 次の計算をしましょう。

月　　　日

① 1.4
　×2.1

② 5.8
　×3.7

③ 0.8 3
　× 4.6

④ 2.1 5
　× 9.3

⑤ 4.3
　×0.7 5

⑥ 3.6
　×1.7 5

⑦ 0.6 2
　×0.7 8

⑧ 0.9 3
　×0.0 4

⑨ 0.0 5
　×0.8 6

⑩ 0.0 7
　×2.9 1

**2** 次の計算を筆算でしましょう。

月　　　日

① 7.3×5.2

② 0.32×5.5

③ 7.8×2.01

# 2 小数×小数 の筆算②

**1** 次の計算をしましょう。

①　　4.2
　　×0.8

②　　7.7
　　×7.6

③　　2.8 1
　　×　6.5

④　　0.5 5
　　×　6.8

⑤　　　2.5
　　×0.7 9

⑥　　0.8 9
　　×0.7 1

⑦　　0.0 6
　　×0.9 9

⑧　　0.8 5
　　×0.0 4

⑨　　 1 4 7
　　×　3.4

⑩　　　9.4
　　×1 8.9

**2** 次の計算を筆算でしましょう。

①　7.5×9.4

②　0.14×3.3

③　0.8×6.57

## 3 小数×小数 の筆算③

**1** 次の計算をしましょう。

月　　　日

①
```
   3.2
×  2.3
```

②
```
   8.6
×  1.6
```

③
```
  0.3 4
×   7.1
```

④
```
  0.2 4
×   7.5
```

⑤
```
   4.8
× 2.6 3
```

⑥
```
   0.5
× 8.7 9
```

⑦
```
  0.4 9
× 0.9 3
```

⑧
```
  0.5 9
× 0.0 8
```

⑨
```
  0.0 4
× 0.4 5
```

⑩
```
  1 7.2
×   3.7
```

**2** 次の計算を筆算でしましょう。

月　　　日

①　0.65×4.2

②　1.8×1.06

③　306×5.8

**1** 次の計算をしましょう。

月　　日

① 　4.8
　×0.3

② 　9.5
　×4.4

③ 　0.13
　× 9.4

④ 　2.76
　× 2.6

⑤ 　8.7
　×0.95

⑥ 　9.5
　×0.48

⑦ 　0.79
　×0.18

⑧ 　0.03
　×0.96

⑨ 　0.48
　×0.05

⑩ 　26.4
　× 1.9

**2** 次の計算を筆算でしましょう。

月　　日

① 0.25×3.6　　② 9.9×0.42　　③ 1.3×2.98

# 5 小数×小数 の筆算⑤

**1** 次の計算をしましょう。

| 月 | 日 |

① 1.1
×3.3

② 4.7
×2.5

③ 0.8 9
× 5.2

④ 2.0 4
× 3.7

⑤ 4.8
×5.3 6

⑥ 7.5
×0.8 4

⑦ 0.9 7
×0.4 3

⑧ 0.3 6
×0.0 7

⑨ 0.0 3
×0.6 7

⑩ 0.0 8
×5.2 5

**2** 次の計算を筆算でしましょう。

| 月 | 日 |

① 0.64×4.3

② 5.6×0.25

③ 81×1.09

**1** 次の計算をしましょう。

| | 月 | 日 |

① 
$$\begin{array}{r} 8.1 \\ \times 1.9 \\ \hline \end{array}$$

② 
$$\begin{array}{r} 6.5 \\ \times 5.2 \\ \hline \end{array}$$

③ 
$$\begin{array}{r} 0.79 \\ \times\ \ 7.2 \\ \hline \end{array}$$

④ 
$$\begin{array}{r} 0.65 \\ \times\ \ 3.8 \\ \hline \end{array}$$

⑤ 
$$\begin{array}{r} 6.2 \\ \times 3.84 \\ \hline \end{array}$$

⑥ 
$$\begin{array}{r} 2.3 \\ \times 0.28 \\ \hline \end{array}$$

⑦ 
$$\begin{array}{r} 0.73 \\ \times 0.56 \\ \hline \end{array}$$

⑧ 
$$\begin{array}{r} 0.08 \\ \times 0.52 \\ \hline \end{array}$$

⑨ 
$$\begin{array}{r} 0.95 \\ \times 0.04 \\ \hline \end{array}$$

⑩ 
$$\begin{array}{r} 183 \\ \times\ \ 2.6 \\ \hline \end{array}$$

**2** 次の計算を筆算でしましょう。

| | 月 | 日 |

① 0.52×3.7

② 9.4×0.36

③ 1.05×4.18

# 7 小数×小数 の筆算⑦

**1** 次の計算をしましょう。

| 月 | 日 |

①　　4.1
　　×1.2

②　　7.5
　　×4.3

③　　0.69
　　×　7.4

④　　5.5
　　×0.91

⑤　　6.6
　　×0.15

⑥　　0.54
　　×0.38

⑦　　0.49
　　×0.03

⑧　　0.02
　　×0.75

⑨　　486
　　×　9.9

⑩　　63.2
　　×　6.5

**2** 次の計算を筆算でしましょう。

| 月 | 日 |

①　5.8×4.2

②　1.04×2.06

③　6×2.93

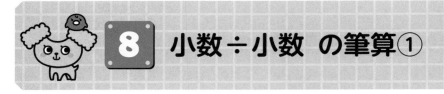

**1** 次の計算をしましょう。

月　　日

① 7.9〉8.6 9

② 1.3〉8.9 7

③ 3.7〉2.2 2

④ 0.9〉8.8 2

⑤ 2.7〉8.1

⑥ 7.5〉3 7.5

⑦ 0.0 5〉2.3 5

⑧ 0.7 4〉8.8 8

⑨ 2.4 3〉1 2.1 5

⑩ 5.5〉2 2

**2** 次の計算を筆算でしましょう。

月　　日

① 21.08÷3.4

② 5.68÷1.42

③ 80÷3.2

**1** 次の計算をしましょう。

月　　日

① 7.6 ) 9.8 8

② 4.4 ) 8.3 6

③ 4.8 ) 3.3 6

④ 0.4 ) 1.5 2

⑤ 2.6 ) 7.8

⑥ 6.4 ) 5 1.2

⑦ 0.0 6 ) 5.8 2

⑧ 0.6 3 ) 1.8 9

⑨ 1.1 8 ) 8.2 6

⑩ 1.5 ) 8 4

**2** 次の計算を筆算でしましょう。

月　　日

① 23.25÷2.5

② 45.48÷3.79

③ 15÷0.25

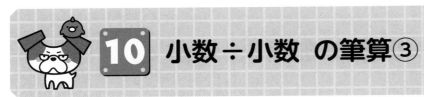

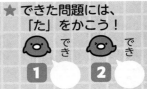
## 10 小数÷小数 の筆算③

**1** 次の計算をしましょう。

月　　日

① 2.1 ) 5.6 7

② 1.4 ) 8.2 6

③ 4.7 ) 3.7 6

④ 0.3 ) 1.0 2

⑤ 1.5 ) 7.5

⑥ 3.8 ) 1 1.4

⑦ 0.0 8 ) 4.9 6

⑧ 0.8 2 ) 7.3 8

⑨ 2.9 2 ) 2 3.3 6

⑩ 1.5 9 ) 4 7.7

**2** 次の計算を筆算でしましょう。

月　　日

① 12.73÷6.7　　② 9.15÷1.83　　③ 40÷1.6

**1** 次の計算をしましょう。　　　　　　　　　　月　　日

① 5.3 ) 8.4 8

② 7.4 ) 9.6 2

③ 2.9 ) 1.4 5

④ 0.7 ) 3.9 9

⑤ 2.3 ) 9.2

⑥ 8.6 ) 6 8.8

⑦ 0.0 3 ) 1.3 8

⑧ 0.8 1 ) 6.4 8

⑨ 2.2 6 ) 9.0 4

⑩ 2.4 ) 6 0

**2** 次の計算を筆算でしましょう。　　　　　　　月　　日

① 21.45÷6.5

② 47.55÷3.17

③ 54÷1.35

**1** 次の計算をしましょう。

月　　日

① $5.2\,)\overline{9.3\,6}$

② $1.6\,)\overline{8.4\,8}$

③ $1.7\,)\overline{1.0\,2}$

④ $0.8\,)\overline{5.3\,6}$

⑤ $2.4\,)\overline{9.6}$

⑥ $4.1\,)\overline{3\,6.9}$

⑦ $0.0\,5\,)\overline{2.7\,5}$

⑧ $0.3\,9\,)\overline{6.2\,4}$

⑨ $1.8\,2\,)\overline{3\,4.5\,8}$

⑩ $0.0\,4\,)\overline{1\,2.4}$

**2** 次の計算を筆算でしましょう。

月　　日

① $33.11 \div 4.3$

② $7.84 \div 1.96$

③ $84 \div 5.6$

## 1 次のわり算を、わり切れるまで計算しましょう。

月　　日

① 

$$4.2 \overline{)3.5\,7}$$

② 

$$3.5 \overline{)1.8\,9}$$

③ 

$$2.4 \overline{)1.8}$$

④ 

$$2.5 \overline{)1.6}$$

⑤ 

$$1.6 \overline{)4}$$

⑥ 

$$7.2 \overline{)4\,5}$$

⑦ 

$$0.5\,4 \overline{)1.3\,5}$$

⑧ 

$$1.1\,6 \overline{)8.7}$$

## 2 次の計算を筆算で、わり切れるまでしましょう。

月　　日

① 1.02÷1.5　　　② 24÷7.5　　　③ 3.72÷2.48

## 14 わり進む小数の わり算の筆算②

**1** 次のわり算を、わり切れるまで計算しましょう。

月　　日

①
4.5 ) 2.8 8

②
9.2 ) 3.2 2

③
1.6 ) 1.2

④
7.5 ) 3.3

⑤
2.4 ) 3

⑥
2.5 ) 8 4

⑦
3.9 2 ) 5.8 8

⑧
3.2 4 ) 8.1

**2** 次の計算を筆算で、わり切れるまでしましょう。

月　　日

①　1.7÷6.8　　　②　9÷2.4　　　③　9.6÷1.28

## 15 商をがい数で表す小数のわり算の筆算①

**1** 商を四捨五入して、$\frac{1}{10}$ の位までのがい数で表しましょう。

月 日

① 
$$3.7 \overline{\smash{)}\ 6.94}$$

② 
$$0.81 \overline{\smash{)}\ 9}$$

③ 
$$0.7 \overline{\smash{)}\ 9.5}$$

④ 
$$2.7 \overline{\smash{)}\ 34.9}$$

**2** 商を四捨五入して、上から2けたのがい数で表しましょう。

月 日

① 
$$0.7 \overline{\smash{)}\ 5.8}$$

② 
$$3.6 \overline{\smash{)}\ 9.05}$$

③ 
$$8.1 \overline{\smash{)}\ 9.58}$$

④ 
$$2.3 \overline{\smash{)}\ 18.6}$$

# 16 商をがい数で表す小数のわり算の筆算②

**1** 商を四捨五入して、$\frac{1}{10}$ の位までのがい数で表しましょう。

月　　日

① 
$$6.3 \overline{) 7.6\,1}$$

② 
$$1.3 \overline{) 7}$$

③ 
$$7.1 \overline{) 5.1}$$

④ 
$$45.3 \overline{) 8}$$

**2** 商を四捨五入して、上から2けたのがい数で表しましょう。

月　　日

① 
$$2.7 \overline{) 5.9}$$

② 
$$5.3 \overline{) 5.9\,4}$$

③ 
$$1.9 \overline{) 3}$$

④ 
$$19.8 \overline{) 2\,6}$$

# 17 あまりを出す小数の わり算

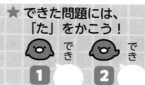
**1** 商を一の位まで求め、あまりも出しましょう。

月　　日

① $0.6)\overline{5.8}$

② $1.6)\overline{5.8}$

③ $3.7)\overline{29.5}$

④ $5.4)\overline{74.5}$

⑤ $2.1)\overline{91.2}$

⑥ $2.9)\overline{9.35}$

⑦ $1.4)\overline{8.73}$

⑧ $3.8)\overline{7.51}$

**2** 商を一の位まで求め、あまりも出しましょう。

月　　日

① $1.3)\overline{4}$

② $4.3)\overline{16}$

③ $2.4)\overline{61}$

④ $6.6)\overline{79}$

⑤ $0.4)\overline{2.51}$

⑥ $6.7)\overline{284}$

⑦ $2.4)\overline{905}$

⑧ $3.9)\overline{657}$

## 18 分数のたし算①

**1** 次の計算をしましょう。

月　　日

① $\dfrac{1}{3} + \dfrac{1}{2}$

② $\dfrac{1}{2} + \dfrac{3}{8}$

③ $\dfrac{1}{6} + \dfrac{5}{9}$

④ $\dfrac{1}{4} + \dfrac{3}{10}$

⑤ $\dfrac{2}{3} + \dfrac{3}{4}$

⑥ $\dfrac{7}{8} + \dfrac{1}{6}$

**2** 次の計算をしましょう。

月　　日

① $\dfrac{1}{2} + \dfrac{3}{10}$

② $\dfrac{1}{15} + \dfrac{3}{5}$

③ $\dfrac{1}{6} + \dfrac{9}{14}$

④ $\dfrac{3}{10} + \dfrac{5}{14}$

⑤ $\dfrac{1}{6} + \dfrac{14}{15}$

⑥ $\dfrac{9}{10} + \dfrac{3}{5}$

# 19 分数のたし算②

**1** 次の計算をしましょう。

月　　日

① $\dfrac{2}{5}+\dfrac{1}{3}$

② $\dfrac{1}{6}+\dfrac{3}{7}$

③ $\dfrac{1}{4}+\dfrac{3}{16}$

④ $\dfrac{7}{12}+\dfrac{2}{9}$

⑤ $\dfrac{5}{6}+\dfrac{1}{5}$

⑥ $\dfrac{3}{4}+\dfrac{5}{8}$

**2** 次の計算をしましょう。

月　　日

① $\dfrac{1}{6}+\dfrac{1}{2}$

② $\dfrac{7}{10}+\dfrac{2}{15}$

③ $\dfrac{6}{7}+\dfrac{9}{14}$

④ $\dfrac{13}{15}+\dfrac{1}{3}$

⑤ $\dfrac{7}{10}+\dfrac{5}{6}$

⑥ $\dfrac{5}{6}+\dfrac{5}{14}$

## 20 分数のたし算③

**1** 次の計算をしましょう。

① $\dfrac{1}{2}+\dfrac{2}{5}$

② $\dfrac{2}{3}+\dfrac{1}{8}$

③ $\dfrac{1}{5}+\dfrac{7}{10}$

④ $\dfrac{1}{4}+\dfrac{9}{14}$

⑤ $\dfrac{2}{3}+\dfrac{4}{9}$

⑥ $\dfrac{3}{4}+\dfrac{3}{10}$

**2** 次の計算をしましょう。

① $\dfrac{1}{12}+\dfrac{1}{4}$

② $\dfrac{3}{10}+\dfrac{1}{6}$

③ $\dfrac{11}{15}+\dfrac{1}{6}$

④ $\dfrac{1}{2}+\dfrac{9}{14}$

⑤ $\dfrac{2}{3}+\dfrac{5}{6}$

⑥ $\dfrac{14}{15}+\dfrac{9}{10}$

## 21 分数のひき算①

**1** 次の計算をしましょう。

① $\dfrac{1}{4} - \dfrac{1}{9}$

② $\dfrac{6}{5} - \dfrac{6}{7}$

③ $\dfrac{3}{4} - \dfrac{1}{2}$

④ $\dfrac{8}{9} - \dfrac{1}{3}$

⑤ $\dfrac{5}{8} - \dfrac{1}{6}$

⑥ $\dfrac{5}{4} - \dfrac{1}{6}$

**2** 次の計算をしましょう。

① $\dfrac{9}{10} - \dfrac{2}{5}$

② $\dfrac{5}{6} - \dfrac{1}{3}$

③ $\dfrac{3}{2} - \dfrac{9}{14}$

④ $\dfrac{4}{3} - \dfrac{8}{15}$

⑤ $\dfrac{11}{6} - \dfrac{9}{10}$

⑥ $\dfrac{23}{10} - \dfrac{7}{15}$

## 22 分数のひき算②

**1** 次の計算をしましょう。

① $\dfrac{2}{3} - \dfrac{2}{5}$

② $\dfrac{4}{7} - \dfrac{1}{2}$

③ $\dfrac{7}{8} - \dfrac{1}{2}$

④ $\dfrac{2}{3} - \dfrac{5}{9}$

⑤ $\dfrac{5}{4} - \dfrac{7}{10}$

⑥ $\dfrac{11}{8} - \dfrac{1}{6}$

月　　　日

**2** 次の計算をしましょう。

① $\dfrac{4}{5} - \dfrac{3}{10}$

② $\dfrac{9}{14} - \dfrac{1}{2}$

③ $\dfrac{7}{15} - \dfrac{1}{6}$

④ $\dfrac{7}{6} - \dfrac{9}{10}$

⑤ $\dfrac{14}{15} - \dfrac{4}{21}$

⑥ $\dfrac{19}{15} - \dfrac{1}{10}$

月　　　日

**1** 次の計算をしましょう。

月　　日

① $\dfrac{2}{3} - \dfrac{1}{4}$

② $\dfrac{2}{7} - \dfrac{1}{8}$

③ $\dfrac{3}{4} - \dfrac{1}{2}$

④ $\dfrac{5}{8} - \dfrac{1}{4}$

⑤ $\dfrac{5}{6} - \dfrac{2}{9}$

⑥ $\dfrac{3}{4} - \dfrac{1}{6}$

**2** 次の計算をしましょう。

月　　日

① $\dfrac{5}{6} - \dfrac{1}{2}$

② $\dfrac{19}{18} - \dfrac{1}{2}$

③ $\dfrac{7}{6} - \dfrac{5}{12}$

④ $\dfrac{13}{15} - \dfrac{7}{10}$

⑤ $\dfrac{7}{6} - \dfrac{7}{10}$

⑥ $\dfrac{11}{6} - \dfrac{2}{15}$

## 24 3つの分数の たし算・ひき算

**1** 次の計算をしましょう。

月　　日

① $\dfrac{1}{2} + \dfrac{1}{3} + \dfrac{1}{4}$

② $\dfrac{1}{2} + \dfrac{3}{4} + \dfrac{2}{5}$

③ $\dfrac{1}{3} + \dfrac{3}{4} + \dfrac{1}{6}$

④ $\dfrac{1}{2} - \dfrac{1}{4} - \dfrac{1}{6}$

⑤ $\dfrac{14}{15} - \dfrac{1}{10} - \dfrac{1}{2}$

⑥ $1 - \dfrac{1}{10} - \dfrac{5}{6}$

**2** 次の計算をしましょう。

月　　日

① $\dfrac{4}{5} - \dfrac{3}{4} + \dfrac{1}{2}$

② $\dfrac{5}{6} - \dfrac{3}{4} + \dfrac{2}{3}$

③ $\dfrac{8}{9} - \dfrac{1}{2} + \dfrac{5}{6}$

④ $\dfrac{1}{2} + \dfrac{2}{3} - \dfrac{8}{9}$

⑤ $\dfrac{3}{4} + \dfrac{1}{3} - \dfrac{5}{6}$

⑥ $\dfrac{9}{10} + \dfrac{1}{2} - \dfrac{2}{5}$

# 25 帯分数のたし算①

**1** 次の計算をしましょう。

月　　日

① $1\frac{1}{2} + \frac{1}{3}$

② $\frac{1}{6} + 1\frac{7}{8}$

③ $1\frac{1}{4} + 1\frac{2}{5}$

④ $1\frac{5}{7} + 1\frac{1}{2}$

**2** 次の計算をしましょう。

月　　日

① $1\frac{3}{4} + \frac{7}{12}$

② $\frac{3}{10} + 2\frac{5}{6}$

③ $1\frac{1}{2} + 2\frac{3}{10}$

④ $2\frac{5}{6} + 1\frac{7}{15}$

## 26 帯分数のたし算②

**1** 次の計算をしましょう。

月　　日

① $1\dfrac{2}{3} + \dfrac{2}{5}$

② $\dfrac{7}{9} + 2\dfrac{5}{6}$

③ $1\dfrac{2}{3} + 4\dfrac{1}{9}$

④ $1\dfrac{3}{4} + 1\dfrac{5}{6}$

**2** 次の計算をしましょう。

月　　日

① $2\dfrac{1}{2} + \dfrac{7}{10}$

② $\dfrac{1}{6} + 1\dfrac{13}{14}$

③ $1\dfrac{7}{12} + 1\dfrac{2}{3}$

④ $1\dfrac{5}{6} + 1\dfrac{7}{10}$

## 27 帯分数のたし算③

**1** 次の計算をしましょう。

月　　日

① $1\dfrac{4}{5}+\dfrac{1}{2}$

② $\dfrac{3}{4}+1\dfrac{3}{10}$

③ $1\dfrac{1}{2}+1\dfrac{6}{7}$

④ $1\dfrac{5}{6}+1\dfrac{2}{9}$

**2** 次の計算をしましょう。

月　　日

① $2\dfrac{1}{2}+\dfrac{9}{10}$

② $\dfrac{11}{12}+2\dfrac{1}{4}$

③ $2\dfrac{5}{14}+1\dfrac{1}{2}$

④ $2\dfrac{1}{6}+1\dfrac{9}{10}$

## 28 帯分数のたし算④

**1** 次の計算をしましょう。

月　　日

① $1\dfrac{2}{5} + \dfrac{2}{7}$

② $\dfrac{5}{8} + 1\dfrac{5}{12}$

③ $1\dfrac{2}{3} + 3\dfrac{8}{9}$

④ $1\dfrac{5}{6} + 1\dfrac{3}{4}$

**2** 次の計算をしましょう。

月　　日

① $2\dfrac{9}{10} + \dfrac{3}{5}$

② $\dfrac{5}{6} + 1\dfrac{1}{15}$

③ $1\dfrac{9}{14} + 1\dfrac{6}{7}$

④ $1\dfrac{3}{10} + 2\dfrac{13}{15}$

# 29 帯分数のひき算①

**1** 次の計算をしましょう。

①　$1\dfrac{1}{2} - \dfrac{2}{3}$

②　$3\dfrac{2}{3} - 2\dfrac{2}{5}$

③　$3\dfrac{1}{4} - 2\dfrac{1}{2}$

④　$2\dfrac{7}{15} - 1\dfrac{5}{6}$

**2** 次の計算をしましょう。

①　$1\dfrac{1}{6} - \dfrac{9}{10}$

②　$4\dfrac{5}{6} - 2\dfrac{1}{3}$

③　$5\dfrac{2}{5} - 4\dfrac{9}{10}$

④　$4\dfrac{5}{12} - 1\dfrac{2}{3}$

## 30 帯分数のひき算②

**1** 次の計算をしましょう。

月　　日

① $2\dfrac{1}{4} - \dfrac{2}{3}$

② $2\dfrac{3}{4} - 1\dfrac{4}{7}$

③ $3\dfrac{2}{9} - 2\dfrac{5}{6}$

④ $4\dfrac{4}{15} - 3\dfrac{4}{9}$

**2** 次の計算をしましょう。

月　　日

① $1\dfrac{1}{7} - \dfrac{9}{14}$

② $4\dfrac{3}{4} - 2\dfrac{1}{12}$

③ $5\dfrac{1}{14} - 4\dfrac{1}{6}$

④ $5\dfrac{5}{12} - 2\dfrac{13}{15}$

# 31 帯分数のひき算③

**1** 次の計算をしましょう。　　　　　　　　　　　　月　　　日

① $2\dfrac{6}{7} - \dfrac{2}{3}$

② $2\dfrac{2}{3} - 1\dfrac{5}{6}$

③ $3\dfrac{1}{10} - 1\dfrac{1}{4}$

④ $2\dfrac{1}{4} - 1\dfrac{5}{6}$

**2** 次の計算をしましょう。　　　　　　　　　　　　月　　　日

① $3\dfrac{1}{6} - \dfrac{1}{2}$

② $2\dfrac{1}{2} - 1\dfrac{3}{14}$

③ $4\dfrac{1}{10} - 3\dfrac{1}{6}$

④ $3\dfrac{1}{6} - 1\dfrac{13}{15}$

## 32 帯分数のひき算④

**1** 次の計算をしましょう。

① $2\dfrac{2}{3} - \dfrac{3}{4}$

② $2\dfrac{5}{7} - 1\dfrac{1}{2}$

③ $2\dfrac{5}{8} - 1\dfrac{1}{4}$

④ $3\dfrac{1}{6} - 2\dfrac{5}{9}$

**2** 次の計算をしましょう。

① $1\dfrac{3}{5} - \dfrac{1}{10}$

② $5\dfrac{1}{3} - 4\dfrac{7}{12}$

③ $4\dfrac{1}{2} - 2\dfrac{5}{6}$

④ $2\dfrac{3}{10} - 1\dfrac{7}{15}$

## 1 小数×小数 の筆算①

**1** ①2.94　②21.46　③3.818　④19.995
⑤3.225　⑥6.3　　⑦0.4836　⑧0.0372
⑨0.043　⑩0.2037

**2**
①
```
    7.3
  ×5.2
　146
　365
　37.96
```
②
```
   0.32
  × 5.5
　160
　160
　1.760
```
③
```
    7.8
  ×2.01
　 78
　156
　15.678
```

## 2 小数×小数 の筆算②

**1** ①3.36　②58.52　③18.265　④3.74
⑤1.975　⑥0.6319　⑦0.0594　⑧0.034
⑨499.8　⑩177.66

**2**
①
```
    7.5
  × 9.4
　300
　675
　70.50
```
②
```
   0.14
  × 3.3
　 42
　 42
　0.462
```
③
```
    0.8
  ×6.57
　 56
　 40
　 48
　5.256
```

## 3 小数×小数 の筆算③

**1** ①7.36　②13.76　③2.414　④1.8
⑤12.624　⑥4.395　⑦0.4557　⑧0.0472
⑨0.018　⑩63.64

**2**
①
```
   0.65
  × 4.2
　130
　260
　2.730
```
②
```
    1.8
  ×1.06
　108
　 18
　1.908
```
③
```
    306
  × 5.8
　2448
　1530
　1774.8
```

## 4 小数×小数 の筆算④

**1** ①1.44　②41.8　③1.222　④7.176
⑤8.265　⑥4.56　　⑦0.1422　⑧0.0288
⑨0.024　⑩50.16

**2**
①
```
   0.25
  × 3.6
　150
　 75
　0.900
```
②
```
    9.9
  ×0.42
　198
　396
　4.158
```
③
```
    1.3
  ×2.98
　104
　117
　 26
　3.874
```

## 5 小数×小数 の筆算⑤

**1** ①3.63　②11.75　③4.628　④7.548
⑤25.728　⑥6.3　　⑦0.4171　⑧0.0252
⑨0.0201　⑩0.42

**2**
①
```
   0.64
  × 4.3
　192
　256
　2.752
```
②
```
    5.6
  ×0.25
　280
　112
　1.400
```
③
```
     81
  ×1.09
　729
　 81
　88.29
```

## 6 小数×小数 の筆算⑥

**1** ①15.39　②33.8　③5.688　④2.47
⑤23.808　⑥0.644　⑦0.4088　⑧0.0416
⑨0.038　⑩475.8

**2**
①
```
   0.52
  × 3.7
　364
　156
　1.924
```
②
```
    9.4
  ×0.36
　564
　282
　3.384
```
③
```
   1.05
  ×4.18
　840
　105
　420
　4.3890
```

## 7 小数×小数 の筆算⑦

**1** ①4.92　②32.25　③5.106　④5.005
⑤0.99　　⑥0.2052　⑦0.0147　⑧0.015
⑨4811.4　⑩410.8

**2**
①
```
    5.8
  × 4.2
　116
　232
　24.36
```
②
```
   1.04
  ×2.06
　624
　208
　2.1424
```
③
```
      6
  ×2.93
　 18
　 54
　 12
　17.58
```

**1** ①1.1 ②6.9 ③0.6 ④9.8
⑤3 ⑥5 ⑦47 ⑧12
⑨5 ⑩4

**2** ①
```
          6.2
3,4) 2 1,0.8
     2 0 4
         6 8
         6 8
           0
```

②
```
           4
1,4 2) 5,6 8
       5 6 8
           0
```

③
```
         2 5
3,2) 8 0 0
     6 4
     1 6 0
     1 6 0
         0
```

**1** ①1.3 ②1.9 ③0.7 ④3.8
⑤3 ⑥68 ⑦97 ⑧3
⑨7 ⑩56

**2** ①
```
          9.3
2,5) 2 3,2.5
     2 2 5
         7 5
         7 5
           0
```

②
```
            1 2
3,7 9) 4 5,4 8
       3 7 9
         7 5 8
         7 5 8
             0
```

③
```
            6 0
0,2 5) 1 5 0 0
       1 5 0
           0
```

**1** ①2.7 ②5.9 ③0.8 ④3.4
⑤5 ⑥63 ⑦62 ⑧9
⑨8 ⑩30

**2** ①
```
            1.9
6,7) 1 2,7.3
     6 7
     6 0 3
     6 0 3
         0
```

②
```
            5
1,8 3) 9,1 5
       9 1 5
           0
```

③
```
          2 5
1,6) 4 0 0
     3 2
       8 0
       8 0
         0
```

**1** ①1.6 ②1.3 ③0.5 ④5.7
⑤4 ⑥68 ⑦46 ⑧8
⑨4 ⑩25

**2** ①
```
          3.3
6,5) 2 1,4.5
     1 9 5
       1 9 5
       1 9 5
           0
```

②
```
            1 5
3,1 7) 4 7,5 5
       3 1 7
       1 5 8 5
       1 5 8 5
             0
```

③
```
            4 0
1,3 5) 5 4 0 0
       5 4 0
           0
```

**1** ①1.8 ②5.3 ③0.6 ④6.7
⑤54 ⑥69 ⑦55 ⑧16
⑨19 ⑩310

**2** ①
```
            7.7
4,3) 3 3,1.1
     3 0 1
       3 0 1
       3 0 1
           0
```

②
```
            4
1,9 6) 7,8 4
       7 8 4
           0
```

③
```
          1 5
5,6) 8 4 0
     5 6
     2 8 0
     2 8 0
         0
```

## ⅓ わり進む小数のわり算の筆算①

**1** ①0.85 　②0.54 　③0.75 　④0.64
　⑤2.5 　⑥6.25 　⑦2.5 　⑧7.5

**2** ①
```
        0.6 8
  1,5) 1,0.2
        9 0
      1 2 0
      1 2 0
          0
```
②
```
           3.2
  7,5) 2 4 0
       2 2 5
       1 5 0
       1 5 0
           0
```
③
```
            1.5
  2,4 8) 3,7 2
         2 4 8
       1 2 4 0
       1 2 4 0
             0
```

## ⅘ わり進む小数のわり算の筆算②

**1** ①0.64 　②0.35 　③0.75 　④0.44
　⑤1.25 　⑥33.6 　⑦1.5 　⑧2.5

**2** ①
```
          0.2 5
  6,8) 1,7.0
       1 3 6
       3 4 0
       3 4 0
           0
```
②
```
          3.7 5
  2,4) 9 0
       7 2
     1 8 0
     1 6 8
       1 2 0
       1 2 0
           0
```
③
```
            7.5
  1,2 8) 9,6 0
         8 9 6
         6 4 0
         6 4 0
             0
```

## ⅝ 商をがい数で表す小数のわり算の筆算①

**1** ①1.9 　②11.1 　③13.6 　④12.9
**2** ①8.3 　②2.5 　③1.2 　④8.1

## ⅙ 商をがい数で表す小数のわり算の筆算②

**1** ①1.2 　②5.4 　③0.7 　④0.2
**2** ①2.2 　②1.1 　③1.6 　④1.3

## ⒄ あまりを出す小数のわり算

**1** ①9 あまり 0.4 　②3 あまり 1
　③7 あまり 3.6 　④13 あまり 4.3
　⑤43 あまり 0.9 　⑥3 あまり 0.65
　⑦6 あまり 0.33 　⑧1 あまり 3.71

**2** ①3 あまり 0.1 　②3 あまり 3.1
　③25 あまり 1 　④11 あまり 6.4
　⑤6 あまり 0.11 　⑥42 あまり 2.6
　⑦377 あまり 0.2 　⑧168 あまり 1.8

## ⒅ 分数のたし算①

**1** ①$\frac{5}{6}$ 　②$\frac{7}{8}$
　③$\frac{13}{18}$ 　④$\frac{11}{20}$
　⑤$\frac{17}{12}\left(1\frac{5}{12}\right)$ 　⑥$\frac{25}{24}\left(1\frac{1}{24}\right)$

**2** ①$\frac{4}{5}$ 　②$\frac{2}{3}$
　③$\frac{17}{21}$ 　④$\frac{23}{35}$
　⑤$\frac{11}{10}\left(1\frac{1}{10}\right)$ 　⑥$\frac{3}{2}\left(1\frac{1}{2}\right)$

## ⒆ 分数のたし算②

**1** ①$\frac{11}{15}$ 　②$\frac{25}{42}$
　③$\frac{7}{16}$ 　④$\frac{29}{36}$
　⑤$\frac{31}{30}\left(1\frac{1}{30}\right)$ 　⑥$\frac{11}{8}\left(1\frac{3}{8}\right)$

**2** ①$\frac{2}{3}$ 　②$\frac{5}{6}$
　③$\frac{3}{2}\left(1\frac{1}{2}\right)$ 　④$\frac{6}{5}\left(1\frac{1}{5}\right)$
　⑤$\frac{23}{15}\left(1\frac{8}{15}\right)$ 　⑥$\frac{25}{21}\left(1\frac{4}{21}\right)$

## 20 分数のたし算③

**1**
① $\dfrac{9}{10}$  ② $\dfrac{19}{24}$

③ $\dfrac{9}{10}$  ④ $\dfrac{25}{28}$

⑤ $\dfrac{10}{9}\left(1\dfrac{1}{9}\right)$  ⑥ $\dfrac{21}{20}\left(1\dfrac{1}{20}\right)$

**2**
① $\dfrac{1}{3}$  ② $\dfrac{7}{15}$

③ $\dfrac{9}{10}$  ④ $\dfrac{8}{7}\left(1\dfrac{1}{7}\right)$

⑤ $\dfrac{3}{2}\left(1\dfrac{1}{2}\right)$  ⑥ $\dfrac{11}{6}\left(1\dfrac{5}{6}\right)$

## 21 分数のひき算①

**1**
① $\dfrac{5}{36}$  ② $\dfrac{12}{35}$

③ $\dfrac{1}{4}$  ④ $\dfrac{5}{9}$

⑤ $\dfrac{11}{24}$  ⑥ $\dfrac{13}{12}\left(1\dfrac{1}{12}\right)$

**2**
① $\dfrac{1}{2}$  ② $\dfrac{1}{2}$

③ $\dfrac{6}{7}$  ④ $\dfrac{4}{5}$

⑤ $\dfrac{14}{15}$  ⑥ $\dfrac{11}{6}\left(1\dfrac{5}{6}\right)$

## 22 分数のひき算②

**1**
① $\dfrac{4}{15}$  ② $\dfrac{1}{14}$

③ $\dfrac{3}{8}$  ④ $\dfrac{1}{9}$

⑤ $\dfrac{11}{20}$  ⑥ $\dfrac{29}{24}\left(1\dfrac{5}{24}\right)$

**2**
① $\dfrac{1}{2}$  ② $\dfrac{1}{7}$

③ $\dfrac{3}{10}$  ④ $\dfrac{4}{15}$

⑤ $\dfrac{26}{35}$  ⑥ $\dfrac{7}{6}\left(1\dfrac{1}{6}\right)$

## 23 分数のひき算③

**1**
① $\dfrac{5}{12}$  ② $\dfrac{9}{56}$

③ $\dfrac{1}{4}$  ④ $\dfrac{3}{8}$

⑤ $\dfrac{11}{18}$  ⑥ $\dfrac{7}{12}$

**2**
① $\dfrac{1}{3}$  ② $\dfrac{5}{9}$

③ $\dfrac{3}{4}$  ④ $\dfrac{1}{6}$

⑤ $\dfrac{7}{15}$  ⑥ $\dfrac{17}{10}\left(1\dfrac{7}{10}\right)$

## 24 3つの分数のたし算・ひき算

**1**
① $\dfrac{13}{12}\left(1\dfrac{1}{12}\right)$  ② $\dfrac{33}{20}\left(1\dfrac{13}{20}\right)$

③ $\dfrac{5}{4}\left(1\dfrac{1}{4}\right)$  ④ $\dfrac{1}{12}$

⑤ $\dfrac{1}{3}$  ⑥ $\dfrac{1}{15}$

**2**
① $\dfrac{11}{20}$  ② $\dfrac{3}{4}$

③ $\dfrac{11}{9}\left(1\dfrac{2}{9}\right)$  ④ $\dfrac{5}{18}$

⑤ $\dfrac{1}{4}$  ⑥ $1$

## 25 帯分数のたし算①

**1**
① $\dfrac{11}{6}\left(1\dfrac{5}{6}\right)$  ② $\dfrac{49}{24}\left(2\dfrac{1}{24}\right)$

③ $\dfrac{53}{20}\left(2\dfrac{13}{20}\right)$  ④ $\dfrac{45}{14}\left(3\dfrac{3}{14}\right)$

**2**
① $\dfrac{7}{3}\left(2\dfrac{1}{3}\right)$  ② $\dfrac{47}{15}\left(3\dfrac{2}{15}\right)$

③ $\dfrac{19}{5}\left(3\dfrac{4}{5}\right)$  ④ $\dfrac{43}{10}\left(4\dfrac{3}{10}\right)$

## 26 帯分数のたし算②

**1**
① $\dfrac{31}{15}\left(2\dfrac{1}{15}\right)$  ② $\dfrac{65}{18}\left(3\dfrac{11}{18}\right)$

③ $\dfrac{52}{9}\left(5\dfrac{7}{9}\right)$  ④ $\dfrac{43}{12}\left(3\dfrac{7}{12}\right)$

**2**
① $\dfrac{16}{5}\left(3\dfrac{1}{5}\right)$  ② $\dfrac{44}{21}\left(2\dfrac{2}{21}\right)$

③ $\dfrac{13}{4}\left(3\dfrac{1}{4}\right)$  ④ $\dfrac{53}{15}\left(3\dfrac{8}{15}\right)$

**27 帯分数のたし算③**

1 ① $\dfrac{23}{10}\left(2\dfrac{3}{10}\right)$  ② $\dfrac{41}{20}\left(2\dfrac{1}{20}\right)$

③ $\dfrac{47}{14}\left(3\dfrac{5}{14}\right)$  ④ $\dfrac{55}{18}\left(3\dfrac{1}{18}\right)$

2 ① $\dfrac{17}{5}\left(3\dfrac{2}{5}\right)$  ② $\dfrac{19}{6}\left(3\dfrac{1}{6}\right)$

③ $\dfrac{27}{7}\left(3\dfrac{6}{7}\right)$  ④ $\dfrac{61}{15}\left(4\dfrac{1}{15}\right)$

**28 帯分数のたし算④**

1 ① $\dfrac{59}{35}\left(1\dfrac{24}{35}\right)$  ② $\dfrac{49}{24}\left(2\dfrac{1}{24}\right)$

③ $\dfrac{50}{9}\left(5\dfrac{5}{9}\right)$  ④ $\dfrac{43}{12}\left(3\dfrac{7}{12}\right)$

2 ① $\dfrac{7}{2}\left(3\dfrac{1}{2}\right)$  ② $\dfrac{19}{10}\left(1\dfrac{9}{10}\right)$

③ $\dfrac{7}{2}\left(3\dfrac{1}{2}\right)$  ④ $\dfrac{25}{6}\left(4\dfrac{1}{6}\right)$

**29 帯分数のひき算①**

1 ① $\dfrac{5}{6}$  ② $\dfrac{19}{15}\left(1\dfrac{4}{15}\right)$

③ $\dfrac{3}{4}$  ④ $\dfrac{19}{30}$

2 ① $\dfrac{4}{15}$  ② $\dfrac{5}{2}\left(2\dfrac{1}{2}\right)$

③ $\dfrac{1}{2}$  ④ $\dfrac{11}{4}\left(2\dfrac{3}{4}\right)$

**30 帯分数のひき算②**

1 ① $\dfrac{19}{12}\left(1\dfrac{7}{12}\right)$  ② $\dfrac{33}{28}\left(1\dfrac{5}{28}\right)$

③ $\dfrac{7}{18}$  ④ $\dfrac{37}{45}$

2 ① $\dfrac{1}{2}$  ② $\dfrac{8}{3}\left(2\dfrac{2}{3}\right)$

③ $\dfrac{19}{21}$  ④ $\dfrac{51}{20}\left(2\dfrac{11}{20}\right)$

**31 帯分数のひき算③**

1 ① $\dfrac{46}{21}\left(2\dfrac{4}{21}\right)$  ② $\dfrac{5}{6}$

③ $\dfrac{37}{20}\left(1\dfrac{17}{20}\right)$  ④ $\dfrac{5}{12}$

2 ① $\dfrac{8}{3}\left(2\dfrac{2}{3}\right)$  ② $\dfrac{9}{7}\left(1\dfrac{2}{7}\right)$

③ $\dfrac{14}{15}$  ④ $\dfrac{13}{10}\left(1\dfrac{3}{10}\right)$

**32 帯分数のひき算④**

1 ① $\dfrac{23}{12}\left(1\dfrac{11}{12}\right)$  ② $\dfrac{17}{14}\left(1\dfrac{3}{14}\right)$

③ $\dfrac{11}{8}\left(1\dfrac{3}{8}\right)$  ④ $\dfrac{11}{18}$

2 ① $\dfrac{3}{2}\left(1\dfrac{1}{2}\right)$  ② $\dfrac{3}{4}$

③ $\dfrac{5}{3}\left(1\dfrac{2}{3}\right)$  ④ $\dfrac{5}{6}$

# 教科書ぴったりトレーニング

## はなまるシール

★ ふろくの「がんばり表」に使おう！
★ はじめに、キミのおとも犬を選んで、がんばり表にはろう！
★ 学習が終わったら、がんばり表に「はなまるシール」をはろう！
★ 余ったシールは自由に使ってね。

### キミのおとも犬

 元気いっぱい お肉大好き！

 つっこみ役 みんなの世話係

 ちょっとこわがり 最年少

 おっとり 読書好き

 やさしくて物知り みんなの先生

### はなまるシール

 すごい！ いいね！ 集中!! その調子！ できる！ ナイス！ むずかしい… がんばろう！ もう1回!! よくできたね！

国語 理科 英語 算数 社会

### ごほうびシール

 よくできました

# 教科書ぴったりトレーニング

## 算数 5年 がんばり表

いつも見えるところに、この「がんばり表」をはっておこう。
この「ぴたトレ」を学習したら、シールをはろう！
どこまでがんばったかわかるよ。

好きななまえをつけてね！
なまえ

ぴた犬（おとも犬）シールをはろう

シールの中から好きなぴた犬を選ぼう。

---

### 6. 単位量あたりの大きさ(1)

| 32〜33ページ | 30〜31ページ | 28〜29ページ |
|---|---|---|
| ぴったり3 | ぴったり12 | ぴったり12 |
| できたらシールをはろう | できたらシールをはろう | できたらシールをはろう |

### 5. 倍数と約数
① 偶数と奇数　③ 約数と公約数
② 倍数と公倍数

| 26〜27ページ | 24〜25ページ | 22〜23ページ | 20〜21ページ |
|---|---|---|---|
| ぴったり3 | ぴったり12 | ぴったり12 | ぴったり12 |
| できたらシールをはろう | できたらシールをはろう | できたらシールをはろう | できたらシールをはろう |

### 4. 平均

| 18〜19ページ | 16〜17ページ |
|---|---|
| ぴったり3 | ぴったり12 |
| できたらシールをはろう | できたらシールをはろう |

### 3. 比例
① ともなって変わる2つの量
② 比例

| 14〜15ページ | 12〜13ページ | 10〜11ページ |
|---|---|---|
| ぴったり3 | ぴったり12 | ぴったり12 |
| できたらシールをはろう | できたらシールをはろう | できたらシールをはろう |

### 2. 合同な図形
① 合同な図形
② 合同な図形のかき方

| 8〜9ページ | 6〜7ページ |
|---|---|
| ぴったり3 | ぴったり12 |
| できたらシールをはろう | できたらシールをはろう |

### 1. 小数と整数

| 4〜5ページ | 2〜3ページ |
|---|---|
| ぴったり3 | ぴったり12 |
| できたらシールをはろう | できたらシールをはろう |

スタート

---

### 7. 小数のかけ算
① 整数×小数の計算　③ 計算のきまり
② 小数×小数の計算

| 34〜35ページ | 36〜37ページ | 38〜39ページ | 40〜41ページ |
|---|---|---|---|
| ぴったり12 | ぴったり12 | ぴったり12 | ぴったり3 |
| できたらシールをはろう | できたらシールをはろう | できたらシールをはろう | できたらシールをはろう |

### 8. 小数のわり算
① 整数÷小数の計算　③ 図にかいて考えよう
② 小数÷小数の計算

| 42〜43ページ | 44〜45ページ | 46〜47ページ | 48〜49ページ |
|---|---|---|---|
| ぴったり12 | ぴったり12 | ぴったり12 | ぴったり3 |
| できたらシールをはろう | できたらシールをはろう | できたらシールをはろう | できたらシールをはろう |

### ★倍の計算
〜小数倍〜

| 50〜51ページ |
|---|
| できたらシールをはろう |

### 9. 図形の角
① 三角形の角の大きさの和　③ 多角形の角の大きさの和
② 四角形の角の大きさの和

| 52〜53ページ | 54〜55ページ | 56〜57ページ | 58〜59ページ |
|---|---|---|---|
| ぴったり12 | ぴったり12 | ぴったり12 | ぴったり3 |
| できたらシールをはろう | できたらシールをはろう | できたらシールをはろう | できたらシールをはろう |

### 10. 単位量あたりの大きさ(2)
① 速さ

| 60〜61ページ | 62〜63ページ | 64〜65ページ |
|---|---|---|
| ぴったり12 | ぴったり12 | ぴったり3 |
| できたらシールをはろう | できたらシールをはろう | できたらシールをはろう |

---

### 15. 正多角形と円
① 正多角形
② 円の直径と円周

| 98〜99ページ | 96〜97ページ | 94〜95ページ |
|---|---|---|
| ぴったり3 | ぴったり12 | ぴったり12 |
| できたらシールをはろう | できたらシールをはろう | できたらシールをはろう |

### 14. 図形の面積
① 平行四辺形の面積　④ ひし形の面積
② 三角形の面積　　　⑤ 面積の求め方のくふう
③ 台形の面積

| 92〜93ページ | 90〜91ページ | 88〜89ページ | 86〜87ページ |
|---|---|---|---|
| ぴったり3 | ぴったり12 | ぴったり12 | ぴったり3 |
| できたらシールをはろう | できたらシールをはろう | できたらシールをはろう | できたらシールをはろう |

### 13. 割合(1)
① 割合
② 百分率と歩合

| 84〜85ページ | 82〜83ページ | 80〜81ページ |
|---|---|---|
| ぴったり3 | ぴったり12 | ぴったり12 |
| できたらシールをはろう | できたらシールをはろう | できたらシールをはろう |

### 12. 分数と小数・整数
① わり算の商と分数
② 分数と小数・整数

| 78〜79ページ | 76〜77ページ | 74〜75ページ |
|---|---|---|
| ぴったり3 | ぴったり12 | ぴったり12 |
| できたらシールをはろう | できたらシールをはろう | できたらシールをはろう |

### 11. 分数のたし算とひき算
① 大きさの等しい分数
② 分数のたし算
③ 分数のひき算

| 72〜73ページ | 70〜71ページ | 68〜69ページ | 66〜67ページ |
|---|---|---|---|
| ぴったり3 | ぴったり12 | ぴったり12 | ぴったり12 |
| できたらシールをはろう | できたらシールをはろう | できたらシールをはろう | できたらシールをはろう |

---

### 16. 体積
① 体積　　　　④ いろいろな形の体積
② 体積の公式　⑤ 体積の単位
③ 大きな体積　⑥ 容積

| 100〜101ページ | 102〜103ページ | 104〜105ページ | 106〜107ページ |
|---|---|---|---|
| ぴったり12 | ぴったり12 | ぴったり12 | ぴったり3 |
| できたらシールをはろう | できたらシールをはろう | できたらシールをはろう | できたらシールをはろう |

### 17. 割合(2)
① 2つの量の割合
② 割合を使った問題

| 108〜109ページ | 110〜111ページ |
|---|---|
| ぴったり12 | ぴったり3 |
| できたらシールをはろう | できたらシールをはろう |

### 18. いろいろなグラフ
① 円グラフ
② 帯グラフ
③ 円グラフと帯グラフのかき方

| 112〜113ページ | 114〜115ページ |
|---|---|
| ぴったり12 | ぴったり3 |
| できたらシールをはろう | できたらシールをはろう |

### 19. 立体
① 角柱と円柱
② 見取図と展開図

| 116〜117ページ | 118〜119ページ | 120〜121ページ |
|---|---|---|
| ぴったり12 | ぴったり12 | ぴったり3 |
| できたらシールをはろう | できたらシールをはろう | できたらシールをはろう |

### 20. データの活用

| 122〜123ページ |
|---|
| ぴったり12 |
| できたらシールをはろう |

### 21. 5年のまとめ

| 124〜127ページ |
|---|
| できたらシールをはろう |

### ★プログラミングのプ

| 128ページ |
|---|
| プログラミング |
| できたらシールをはろう |

ゴール

最後までがんばったキミは「ごほうびシール」をはろう！

# 教科書ぴったり トレーニングの使い方

『ぴたトレ』は教科書にぴったり合わせて使うことができるよ。教科書も見ながら、勉強していこうね。ぴた犬たちが勉強をサポートするよ。

## ふだんの学習

### ぴったり1 準備

教科書のだいじなところをまとめていくよ。
◎ねらい でどんなことを勉強するかわかるよ。
問題に答えながら、わかっているかかくにんしよう。
QRコードから「3分でまとめ動画」が見られるよ。

※QRコードは株式会社デンソーウェーブの登録商標です。

### ぴったり2 練習

「ぴったり1」で勉強したことが身についているかな？かくにんしながら、練習問題に取り組もう。

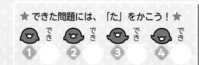

★できた問題には、「た」をかこう！★
でき① でき② でき③ でき④

### ぴったり3 確かめのテスト

「ぴったり1」「ぴったり2」が終わったら取り組んでみよう。
学校のテストの前にやってもいいね。
わからない問題は、 ふりかえり を見て前にもどってかくにんしよう。

## 実力チェック

- 夏のチャレンジテスト
- 冬のチャレンジテスト
- 春のチャレンジテスト
- 5年 算数のまとめ 学力診断テスト

夏休み、冬休み、春休み前に使いましょう。
学期の終わりや学年の終わりのテストの前にやってもいいね。

ふだんの学習が終わったら、「がんばり表」にシールをはろう。

## 別冊

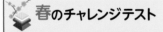

### 答えとてびき

うすいピンク色のところには「答え」が書いてあるよ。取り組んだ問題の答え合わせをしてみよう。わからなかった問題やまちがえた問題は、右の「てびき」を読んだり、教科書を読み返したりして、もう一度見直そう。

# もくじ

## 算数5年
学校図書版
みんなと学ぶ小学校算数

教科書ぴったりトレーニング
▶ 3分でまとめ動画

| | | | 教科書ページ | ぴったり1 準備 | ぴったり2 練習 | ぴったり3 確かめのテスト |
|---|---|---|---|---|---|---|
| ❶ 小数と整数 | | | 12〜19 | ▶ 2〜3 | | 4〜5 |
| ❷ 合同な図形 | ①合同な図形 ②合同な図形のかき方 | | 20〜35 | ▶ 6〜7 | | 8〜9 |
| ❸ 比例 | ①ともなって変わる2つの量 ②比例 | | 36〜43 | ▶ 10〜13 | | 14〜15 |
| ❹ 平均 | | | 44〜55 | ▶ 16〜17 | | 18〜19 |
| ❺ 倍数と約数 | ①偶数と奇数 ②倍数と公倍数 ③約数と公約数 | | 56〜73 | ▶ 20〜25 | | 26〜27 |
| ❻ 単位量あたりの大きさ(1) | こみぐあい、人口密度 いろいろな単位量あたりの大きさ | | 76〜89 | ▶ 28〜31 | | 32〜33 |
| ❼ 小数のかけ算 | ①整数×小数の計算 ②小数×小数の計算 ③計算のきまり | | 94〜109 | ▶ 34〜39 | | 40〜41 |
| ❽ 小数のわり算 | ①整数÷小数の計算 ②小数÷小数の計算−(1) ②小数÷小数の計算−(2) ③図にかいて考えよう | 教科書上 | 110〜127 | ▶ 42〜47 | | 48〜49 |
| ★ 倍の計算〜小数倍〜 | 長さを比べよう | | 128〜129 | 50〜51 | | |
| ❾ 図形の角 | ①三角形の角の大きさの和 ②四角形の角の大きさの和 ③多角形の角の大きさの和 | | 132〜144 | 52〜57 | | 58〜59 |
| ❿ 単位量あたりの大きさ(2) | 速さ−(1) 速さ−(2) | | 145〜154 | ▶ 60〜63 | | 64〜65 |
| ⓫ 分数のたし算とひき算 | ①大きさの等しい分数 ②分数のたし算 ③分数のひき算 | | 2〜19 | ▶ 66〜71 | | 72〜73 |
| ⓬ 分数と小数・整数 | ①わり算の商と分数 ②分数と小数・整数 | | 20〜31 | ▶ 74〜77 | | 78〜79 |
| ⓭ 割合(1) | ①割合 ②百分率と歩合 | | 32〜45 | ▶ 80〜83 | | 84〜85 |
| ⓮ 図形の面積 | ①平行四辺形の面積 ②三角形の面積 ③台形の面積 ④ひし形の面積 ⑤面積の求め方のくふう | | 46〜69 | ▶ 86〜91 | | 92〜93 |
| ⓯ 正多角形と円 | ①正多角形 ②円の直径と円周 | | 72〜87 | ▶ 94〜97 | | 98〜99 |
| ⓰ 体積 | ①体積 ②体積の公式 ③大きな体積 ④いろいろな形の体積 ⑤体積の単位 ⑥容積 | 教科書下 | 90〜105 | ▶ 100〜105 | | 106〜107 |
| ⓱ 割合(2) | ①2つ量の割合 ②割合を使った問題 | | 108〜118 | 108〜109 | | 110〜111 |
| ⓲ いろいろなグラフ | ①円グラフ ②帯グラフ ③円グラフと帯グラフのかき方 | | 119〜127 | ▶ 112〜113 | | 114〜115 |
| ⓳ 立体 | ①角柱と円柱 ②見取図と展開図 | | 128〜139 | ▶ 116〜119 | | 120〜121 |
| ⓴ データの活用 | | | 140〜143 | 122〜123 | | |
| ㉑ 5年のまとめ | | | 144〜149 | 124〜127 | | |
| ★ プログラミングのプ | 正多角形をかいてみよう | | 150〜151 | 128 | | |

| 巻末 別冊 | 夏のチャレンジテスト／冬のチャレンジテスト／春のチャレンジテスト／学力診断テスト 答えとてびき | とりはずして お使いください |
|---|---|---|

# ぴったり① 準備

3分でまとめ

① 小数と整数

## 小数と整数

教科書　上 12〜17 ページ　　答え　1 ページ

✏ 次の □ にあてはまる数を書きましょう。

🎯 **ねらい** 小数と整数のしくみを理解しよう。　　　　練習 ① ②

🐾 **小数と整数のしくみ**

　整数も小数も、10 個集まると位が1つ上がり、10 等分$\left(\dfrac{1}{10}\right)$すると、位が1つ下がるという、同じ位取りの考えで表されています。

　このことから、0、1、2、…、9 の 10 個の数字と小数点を使うと、どんな大きさの整数や小数でも表すことができます。

**1**　0 から 9 までの 10 個の数字全部を1回ずつと小数点を使って、数を作ります。
　5 より大きくて、5 にいちばん近い数を書きましょう。

**解き方** 一の位の数字を □① にして、小数点以下の数字を小さい順にならべればよいから、
□② です。

🎯 **ねらい** 10倍、100倍、1000倍、$\dfrac{1}{10}$、$\dfrac{1}{100}$ にした数がわかるようにしよう。　練習 ③ ④

🐾 **10倍、100倍、1000倍、…した数**

　ある数を 10 倍、100 倍、1000 倍、…した数は、もとの数の小数点を、それぞれ右へ1けた、2けた、3けた、…移した数になります。

🐾 **$\dfrac{1}{10}$、$\dfrac{1}{100}$、…にした数**

　ある数を $\dfrac{1}{10}$、$\dfrac{1}{100}$、…にした数は、もとの数の小数点を、それぞれ左へ1けた、2けた、…移した数になります。

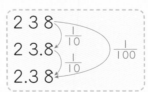

小数点の位置が動くよ。

**2**　1.748 を 10 倍、100 倍、1000 倍した数を書きましょう。

**解き方** 1.748 を 10 倍、100 倍、1000 倍した数は、小数点を、それぞれ右へ1けた、2けた、3けた移した数で、□① 、□② 、□③ です。

**3**　174 を $\dfrac{1}{10}$、$\dfrac{1}{100}$ にした数を書きましょう。

**解き方** 174 を $\dfrac{1}{10}$、$\dfrac{1}{100}$ にした数は、174 を 174.0 と考えて、小数点を、それぞれ左へ1けた、2けた移した数で、□① 、□② です。

★ できた問題には、「た」をかこう！★

でき ① た　でき ②　でき ③　でき ④

学習日　月　日

📖 教科書　上 12～17 ページ　➡ 答え　1 ページ

**1** 次の □ にあてはまる数を書きましょう。

教科書　14 ページ ▶

① 整数も小数も、それぞれの位の数が □ 個集まると位が１つ上がります。

② 整数も小数も、□ 等分すると位が１つ下がります。

整数と小数は
同じしくみに
なっているよ。

③ ０から □ までの 10 個の数字と小数点を使うと、
どんな大きさの整数や小数でも表すことができます。

‼ まちがい注意

**2** １、２、３、４、５の５個の数字全部を１回ずつと小数点を使って、数を作ります。
ただし、小数点は両はしには使わないものとします。

教科書　14 ページ ▶

① いちばん小さい数を書きましょう。

（　　　　　）

② いちばん大きい数を書きましょう。

（　　　　　）

**3** 3.812 を 10 倍、100 倍、1000 倍した数を書きましょう。

教科書　15 ページ ❷

10 倍　（　　　　　）

100 倍　（　　　　　）

1000 倍　（　　　　　）

**4** 281.3 を $\frac{1}{10}$、$\frac{1}{100}$ にした数を書きましょう。

教科書　16 ページ ❸

$\frac{1}{10}$　（　　　　　）

$\frac{1}{100}$　（　　　　　）

 ヒント
❷ ① □.□□□□ の □ に数字を小さい順にならべます。
② □□□□.□ の □ に数字を大きい順にならべます。

3

ぴったり3
確かめのテスト

① 小数と整数

時間 30 分

／100

合格 80 点

教科書　上 12〜19 ページ　答え　2 ページ

**知識・技能**　　　　　　　　　　　　　　　　　　　　　　　／68点

**①** 次の　　にあてはまることばを書きましょう。　　　　　各4点（12点）

① 整数も小数も、それぞれの位の数が 10 個集まると位が1つ　　　　　　ます。

② 整数も小数も、10 等分すると位が1つ　　　　　　ます。

③ 0から9までの 10 個の数字と　　　　　　を使うと、どんな大きさの整数や小数でも表すことができます。

**②** よく出る 次の　　にあてはまる数を書きましょう。　全部できて 1問5点（10点）

① 63.2＝⑦　　　　×6＋④　　　　×3＋⑦　　　　×2

② 0.074＝⑦　　　　×7＋④　　　　×4

**③** よく出る 次の　　にあてはまる数を書きましょう。　　　各4点（20点）

① 0.613 を 10 倍した数は　　　　　です。

② 0.098 を 100 倍した数は　　　　　です。

③ 0.015 を 1000 倍した数は　　　　　です。

④ 5.01 を $\frac{1}{10}$ にした数は　　　　　です。

⑤ 390.4 を $\frac{1}{100}$ にした数は　　　　　です。

**④** 次の数を求めましょう。　　　　　　　　　　　　　　　各4点（16点）

① 3.582×10　　　　　　　　　　② 3.582×100

（　　　　　　　）　　　　　　　　　　（　　　　　　　）

③ 75÷10　　　　　　　　　　　④ 75÷100

（　　　　　　　）　　　　　　　　　　（　　　　　　　）

**5** 次の問いに答えましょう。　　　　　　　　　　　　　各5点(10点)
① 24.7 は、2.47 を何倍した数ですか。

　　　　　　　　　　　　　　　　　　　　　(　　　　　　　)

② 0.826 は、82.6 の何分の一の数ですか。

　　　　　　　　　　　　　　　　　　　　　(　　　　　　　)

思考・判断・表現　　　　　　　　　　　　　　　　　／32点

**6** ある数を求めましょう。　　　　　　　　　　　　　各4点(12点)
① ある数を 10 倍し、さらに 100 倍すると 206.5 になりました。

　　　　　　　　　　　　　　　　　　　　　(　　　　　　　)

② ある数を 100 倍して、$\frac{1}{10}$ にすると 30.7 になりました。

　　　　　　　　　　　　　　　　　　　　　(　　　　　　　)

③ ある数を $\frac{1}{10}$ にし、さらに $\frac{1}{100}$ にすると、0.184 になりました。

　　　　　　　　　　　　　　　　　　　　　(　　　　　　　)

**7** $\boxed{1}$、$\boxed{3}$、$\boxed{5}$、$\boxed{8}$、$\boxed{9}$ の数字を書いた5まいのカードと、$\boxed{.}$の小数点のカードがあります。これらの6まいのカードを全部使っていろいろな小数を作ります。ただし、小数点のカードは左はしや右はしには使いません。　　　　　　　　　　　　各4点(12点)
① いちばん小さい数を書きましょう。

　　　　　　　(　　　　　　　)

② いちばん大きい数を書きましょう。

　　　　　　　(　　　　　　　)

③ 3にいちばん近い数を書きましょう。

　　　　　　　(　　　　　　　)

**できたらスゴイ!**

**8** $\boxed{0}$、$\boxed{2}$、$\boxed{4}$、$\boxed{6}$、$\boxed{7}$ の数字を書いた5まいのカードを全部使って、$\boxed{\phantom{0}}\boxed{\phantom{0}}.\boxed{\phantom{0}}\boxed{\phantom{0}}\boxed{\phantom{0}}$ とならべます。ただし、0のカードは左はしや右はしには使いません。　　　　　　　各4点(8点)
① いちばん小さい数を書きましょう。

　　　　　　　　　　　　　　　　　　　　　(　　　　　　　)

② いちばん大きい数を書きましょう。

　　　　　　　　　　　　　　　　　　　　　(　　　　　　　)

**ふりかえり** ③がわからないときは、2ページの**2** **3**にもどって確認してみよう。

3分でまとめ

**② 合同な図形**
**① 合同な図形**
**② 合同な図形のかき方**

教科書 上 20〜31 ページ　答え 2 ページ

✏ 次の◯にあてはまる記号やことばを書きましょう。

🎯 **ねらい** 合同な図形を理解しよう。

練習 ① ②

🐾 **合同な図形**

　２つの図形がぴったり重なるとき、２つの図形は**合同**であるといいます。合同な図形は、形も大きさも同じです。

　合同な図形で、重なり合う頂点、重なり合う辺、重なり合う角を、それぞれ**対応する頂点、対応する辺、対応する角**といいます。

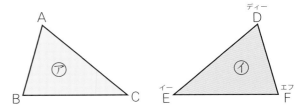
ずらす、回す、うら返すのどれでもいいよ。

**1** 右の⑦、⑦の三角形は合同です。
(1) 頂点Aに対応する頂点はどれですか。
(2) 辺ABに対応する辺はどれですか。
(3) 角Cに対応する角はどれですか。

**解き方** ⑦の三角形をうら返すと、⑦の三角形にぴったり重なります。重なり合う頂点、辺、角が、対応する頂点、辺、角になります。
(1) 頂点Aは、頂点◯①と重なるので、対応する頂点は、頂点◯②です。
(2) 辺ABは、辺◯①と重なるので、対応する辺は、辺◯②です。
(3) 角Cは、角◯①と重なるので、対応する角は、角◯②です。

🎯 **ねらい** 合同な図形のかき方を理解しよう。

練習 ③ ④

🐾 **合同な三角形のかき方**　合同な三角形をかくには、次の３つの方法があります。

① ３つの辺の長さが等しくなるようにかく。

② ２つの辺の長さとその間の角の大きさが等しくなるようにかく。

③ １つの辺の長さとその両はしの角の大きさが等しくなるようにかく。

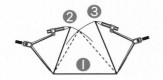  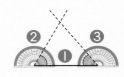

**2** 右の三角形と合同な三角形をかきます。どこを等しくすればよいですか。

**解き方** 次の３つの方法があります。
① ◯を等しくします。
② ２つの辺の長さと◯を等しくします。
③ １つの辺の長さと◯を等しくします。

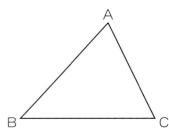

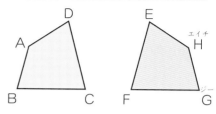

教科書 上20〜31ページ 答え 2〜3ページ

**1** 右の2つの四角形は合同です。

次の □ にあてはまる記号を書きましょう。

教科書 22ページ▶

① 頂点Aに対応する頂点は、頂点 □ です。

② 辺ABに対応する辺は、辺 □ です。

③ 角Dに対応する角は、角 □ です。

記号の順番は、対応
する順に書きましょう。
辺AD ←→ 辺HE

🔍 よくみて

**2** 右の㋐、㋑の三角形は合同です。

教科書 23ページ▶

① 辺DEに対応する辺はどれですか。

また、辺DEの長さは何cmですか。

（　　　　　）（　　　　　）

② 角Fに対応する角はどれですか。

また、角Fの大きさは何度ですか。

（　　　　　）（　　　　　）

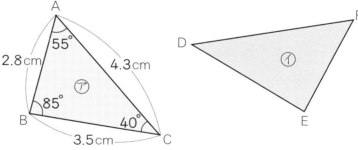

**3** 次の三角形と合同な三角形をかきましょう。

教科書 25ページ①

① 

② 

**4** 次の四角形と合同な四角形をかきましょう。

教科書 29ページ③

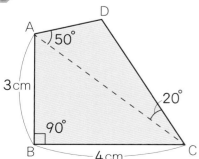

🔵 ヒント　**2** 合同な図形では、対応する辺の長さは等しく、また、対応する角の
大きさも等しくなります。

ぴったり3
確かめのテスト

② 合同な図形

時間 **30** 分

／100

合格 **80** 点

教科書 上 20〜35 ページ　答え 3〜4 ページ

**知識・技能**　／88点

**❶** 次の図形の中から、合同な図形を2組見つけましょう。　各4点(8点)

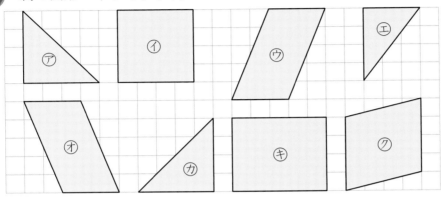

（　　と　　）

（　　と　　）

**❷** 右の2つの三角形は合同です。
次の頂点、辺に対応する頂点、辺を
答えましょう。　各4点(8点)

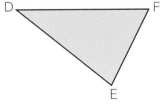

① 頂点B

（　　　　）

② 辺AC

（　　　　）

**❸** 次の図形と合同な図形をかきましょう。　各10点(20点)

① 正方形

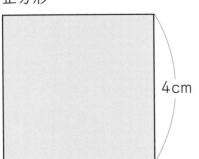

4cm

② 二等辺三角形

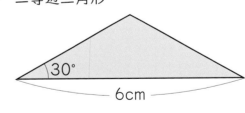

30°

6cm

**4** 次の三角形と合同な三角形をかきましょう。　　　　　　　　　　各10点(30点)

① 辺の長さが
4cm、3.5cm、2cm
の三角形。

② 2つの辺の長さが4cm
と3cmで、その間の角が
55°の三角形。

③ 1つの辺の長さが4cmで、
その両はしの角が、それぞれ
65°と50°の三角形。

**5** 次の平行四辺形と合同な平行四辺形をかきましょう。　　　　　　　　　　(10点)

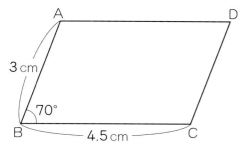

**6** 右の2つの四角形は合同です。　　　　　　　　　　各4点(12点)

① 辺ADに対応する辺はどれですか。

（　　　　　　　　　）

② 辺GHの長さは何cmですか。

（　　　　　　　　　）

③ 角Fの大きさは何度ですか。

（　　　　　　　　　）

---

**思考・判断・表現**　　　　　　　　　　／12点

**7** 右の四角形と合同な四角形をかきます。まず、対角線で2つの
三角形に分けて、三角形DBCをかきました。
　残りの部分をかくには、どこを測ってからかけばよいですか。次
の□にあてはまる記号を書きましょう。　　　　各3点(12点)
　次の3つの方法があります。

●辺 ① □ と辺ADの長さを測ります。

●角⑦と角 ② □ の大きさを測ります。

●辺ABの長さと角 ③ □ の大きさ、または、辺 ④ □ の長さと角⑰の大きさを測ります。

ふりかえり　**2**がわからないときは、6ページの**1**にもどって確認してみよう。

③ 比例

① **ともなって変わる2つの量**

教科書　上36〜37ページ　答え　4ページ

✏️ 次の□□にあてはまる数やことばを書きましょう。

🎯 **ねらい** ともなって変わる2つの量の関係を見つけられるようになろう。　練習 ① ② ③ →

🐾 **ともなって変わる量**

わたしたちの身のまわりには、一方の量が変わると、それにともなってもう一方の量も変わるものがあります。

ともなって変わる2つの量には、増えると増える関係や、増えると減る関係にあるものがあります。

**1** おばさんから送られてきた50個のりんごを、箱からかごに移しています。

(1) かごのりんごの数と箱のりんごの数の関係を、表にまとめましょう。

**かごと箱のりんごの数**

| かごのりんごの数(個) | 0 | 10 | 20 | 30 | 40 | 50 |
|---|---|---|---|---|---|---|
| 箱のりんごの数(個) | 50 | 40 | ① | ② | ③ | ④ |

(2) りんごを箱からかごに移すとき、変わる量は何と何ですか。

(3) かごのりんごの数が増えると、箱のりんごの数はどのように変わりますか。

解き方 (1)　かごのりんごの数＋箱のりんごの数＝50(個) になります。

①　50−20＝□□　　　　　　②　50−30＝□□

③　50−40＝□□　　　　　　④　50−50＝□□

(2) (1)の表から、変わる量は、⑦□□□□□□□ と

④□□□□□□□ です。

(3) かごのりんごの数が増えると、箱のりんごの数は□□ます。

**2** 高さが5cmの同じ箱を積んでいきます。

(1) 箱の数と高さの関係を、表にまとめましょう。

**積んだ箱の数と高さ**

| 箱の数 (個) | 1 | 2 | 3 | 4 | 5 |
|---|---|---|---|---|---|
| 高さ (cm) | 5 | 10 | ① | ② | ③ |

5cm

(2) 箱の数が増えると、高さはどのように変わりますか。

解き方 (1)　高さ＝箱1個の高さ×箱の数 になります。

①　5×3＝□□　　　②　5×4＝□□　　　③　5×5＝□□

(2) 箱の数が増えると、高さは□□ます。

📖 教科書　上 36〜37 ページ　➡ 答え　4 ページ

## 1 60 cm のひもで長方形を作ります。

教科書 37 ページ 1

① たてと横の長さの和は、何 cm ですか。

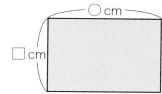

（　　　　　　　　　　）

② たてと横の長さの関係を、表にまとめましょう。

（たて＋横）×2＝60（cm）
だから、
たて＋横＝60÷2
だね。

**長方形のたてと横の長さ**

| たての長さ（cm） | 5 | 10 | 15 | 20 | 25 |
|---|---|---|---|---|---|
| 横の長さ（cm） | 25 | | | | |

③ 変わる量は何と何ですか。

（　　　　　　と　　　　　　）

④ たての長さが増えると、横の長さはどのように変わりますか。

（　　　　　　　　　　）

## 2 面積が 12 cm² の長方形があります。

教科書 37 ページ 1

① たてと横の長さの関係を、表にまとめましょう。

**長方形のたてと横の長さ**

| たての長さ（cm） | 1 | 2 | 3 | 6 | 12 |
|---|---|---|---|---|---|
| 横の長さ（cm） | 12 | | | | |

12 cm²

12 cm²

② たての長さが増えると横の長さはどのように変わりますか。

（　　　　　　　　　　）

## 3 1 m の重さが 25 g のはり金があります。

教科書 37 ページ 1

① はり金の長さと重さの関係を、表にまとめましょう。

**はり金の長さと重さ**

| はり金の長さ（m） | 1 | 2 | 3 | 4 | 5 |
|---|---|---|---|---|---|
| はり金の重さ（g） | 25 | | | | |

② はり金の長さが増えると、重さはどのように変わりますか。

（　　　　　　　　　　）

🐶 ヒント　1 ① 長方形のたてと横の長さの和は、まわりの長さの半分になります。
　　　　　　2 長方形の面積＝たて×横　の公式を使います。

11

教科書 上38〜41ページ　答え 5ページ

✏️ 次の □ にあてはまる数やことばを書きましょう。

◎ねらい 比例について理解しよう。　　　　練習 **1** **2** →

:paw: **比例**

　ともなって変わる2つの量 □ と ○ があって、
□ が2倍、3倍、…になると、
○ も2倍、3倍、…になるとき、
○ は □ に比例するといいます。

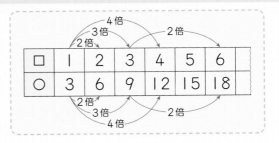

**1** 　1mが50円のリボンがあります。リボンの長さを □ m、リボンの代金を ○ 円とします。
(1) □ が2、3、4のときの、対応する ○ の値を求めて、表にまとめましょう。

**リボンの長さと代金**

| 長さ□(m) | 1 | 2 | 3 | 4 |
|---|---|---|---|---|
| 代金○(円) | 50 | ① | ② | ③ |

(2) リボンの代金は、何に比例するといえますか。

**解き方** □ と ○ の関係を式に表すと、○＝50×□ になります。
(1) ①　50×2＝ □ 　　② 50×3＝ □ 　　③ 50×4＝ □
(2) リボンの長さが2倍、3倍、…になると、代金も ⑦ □ 倍、⑦ □ 倍、…になるから、
　リボンの代金は、⑦ □ に比例するといえます。

**2** 　右の図のように、たて4cm、横2cm
の長方形をつなげていきます。
(1) つなげてできた長方形の横の長さを
　□ cm、面積を ○ cm² として、面積を
　求める式を書きましょう。

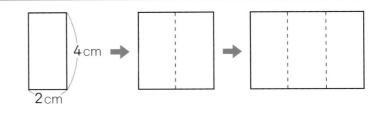

4cm
2cm

(2) 長方形の横の長さと面積の関係を、表にまとめましょう。

**長方形の横の長さと面積**

| 横の長さ□(cm) | 2 | 4 | 6 | 8 |
|---|---|---|---|---|
| 面積○(cm²) | 8 | ① | ② | ③ |

(3) 長方形の面積は、横の長さに比例するといえますか。

**解き方** (1) 長方形の面積＝たての長さ× ⑦ □ だから、○＝ ⑦ □ ×□
(2) ①　4×4＝ □ 　　② 4×6＝ □ 　　③ 4×8＝ □
(3) 横の長さが2倍、3倍、…になると、面積も ⑦ □ 倍、⑦ □ 倍、…になるから、
　長方形の面積は、⑦ □ に比例するといえます。

# 練習

★ できた問題には、「た」をかこう！★

😊 でき ① 😊 でき ②

教科書 上 38〜41 ページ　答え 5 ページ

**1** 1本80円のえん筆□本の代金を○円とします。

教科書 38 ページ 1

① えん筆の本数□本と代金○円の関係を、表にまとめましょう。

本数が2倍、3倍、…になると、代金も2倍、3倍、…になるね。

**えん筆の本数と代金**

| 本数□（本） | 1 | 2 | 3 | 4 |
|---|---|---|---|---|
| 代金○（円） | 80 | | | |

② □と○の関係を式に表しましょう。

（　　　　　　　　）

③ えん筆の代金は、何に比例するといえますか。

（　　　　　　　　）

④ えん筆が7本のときの代金は、いくらになりますか。

（　　　　　　　　）

⑤ えん筆の代金が2400円になるのは、何本のときですか。

（　　　　　　　　）

**2** 右の図のように、正三角形の1辺の長さを1cmずつ長くしていきます。

教科書 40 ページ 2

① 正三角形の1辺の長さを□cm、まわりの長さを○cmとして、まわりの長さを求める式を書きましょう。

（　　　　　　　　）

② 1辺の長さとまわりの長さの関係を、表にまとめましょう。

**正三角形の1辺の長さとまわりの長さ**

| 1辺の長さ□（cm） | 1 | 2 | 3 | 4 | 5 | 6 |
|---|---|---|---|---|---|---|
| まわりの長さ○（cm） | 3 | | | | | |

③ まわりの長さは、1辺の長さに比例するといえますか。

（　　　　　　　　）

④ 正三角形のまわりの長さが48cmになるのは、1辺の長さが何cmのときですか。

（　　　　　　　　）

😊 ヒント ● ④⑤　②で表した式を使います。

ぴったり ③
確かめのテスト。

③ 比例

時間 30 分

／100

合格 80 点

教科書 上 36～43 ページ ＞ 答え 5 ページ

**知識・技能** ／82点

**1** 次の⑦～⑤で、○が□に比例しているものが2つあります。どれですか。
また、比例している場合は、□と○の関係を式に表しましょう。　記号・式 両方できて各8点(16点)

⑦ 正方形の1辺の長さ□ cm と、まわりの長さ○ cm。

⑦ 面積が 30 cm² の長方形のたての長さ□ cm と横の長さ○ cm。

⑦ 150 cm のリボンをあおいさんとさくらさんで分けるときの、あおいさんのリボンの長さ□ cm とさくらさんのリボンの長さ○ cm。

⑦ 1さつ 130 円のノートを買うときの、ノートのさっ数□さつと代金○円。

(　　　　　　　　) (　　　　　　　　)

**2** 1 m の重さが 15 g のはり金の長さ□ m と、重さ○ g の関係について調べましょう。

全部できて 1問6点(36点)

① はり金の長さ□ m と重さ○ g の関係を、表にまとめましょう。

**はり金の長さと重さ**

| 長さ□(m) | 1 | 2 | 3 | 4 | 5 | 6 |
|---|---|---|---|---|---|---|
| 重さ○(g) | | | | | | |

② 何が何に比例していますか。

(　　　　　　　　)

③ □が1増えると、○はいくつ増えますか。

(　　　　　　　　)

④ □と○の関係を式に表しましょう。

(　　　　　　　　)

⑤ 長さが8 m のときの重さを求めましょう。

(　　　　　　　　)

⑥ 重さが 300 g のときの長さを求めましょう。

(　　　　　　　　)

**3** からの水そうに、1分で4cm ずつ水の深さが増えるように水を入れます。
水そうに水を入れる時間□分と、水の深さ○cm の関係について調べましょう。

全部できて 1問6点(30点)

① 水を入れる時間□分と、水の深さ○cm の関係を、表にまとめましょう。

**水を入れる時間と水の深さ**

| 水を入れる時間□（分） | 1 | 2 | 3 | 4 | 5 | 6 | |
|---|---|---|---|---|---|---|---|
| 水の深さ○（cm） | 4 | | | | | | |

② ○と□の関係を式に表しましょう。

(　　　　　　　　　　　　　　　　　　　　)

③ 水の深さは、水を入れる時間に比例するといえますか。

(　　　　　　　　　　　　　　　　　　　　)

④ 水を入れた時間が12分のときの、水の深さを求めましょう。

(　　　　　　　　　　　　　　　　　　　　)

⑤ 水の深さが60cm のときの、水を入れた時間を求めましょう。

(　　　　　　　　　　　　　　　　　　　　)

---

**思考・判断・表現**　　　　　　　　　　　　　　　　／18点

**4** 次の図のように、たて3cm、横8cm の長方形をたてにつなげていきます。
このとき、つなげてできた長方形のたての長さと面積の関係を調べましょう。

全部できて 1問6点(18点)

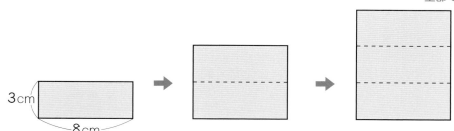

① たての長さを□cm、面積を○cm² として、面積を求める式を書きましょう。

(　　　　　　　　　　　　　　　　　　　　)

② 長方形のたての長さと面積の関係を、表にまとめましょう。

**長方形のたての長さと面積**

| たての長さ□（cm） | 3 | 6 | 9 | 12 | 15 | 18 | |
|---|---|---|---|---|---|---|---|
| 面積○（cm²） | | | | | | | |

③ 長方形の面積は、たての長さに比例するといえますか。その理由も書きましょう。

(
　　　　　　　　　　　　　　　　　　　　　　　　　　　　　　　　　)

ふりかえり **❶** がわからないときは、12 ページの **❶** **❷** にもどって確認してみよう。

# 平均

✏ 次の◯◯にあてはまる数を書きましょう。

🎯 ねらい　平均の求め方を理解しよう。

練習 ① ② ③ ④ ⋯

🐾 平均

　何個かの大きさの数や量を、同じ大きさになるようにならしたものを、もとの数や量の **平均** といいます。

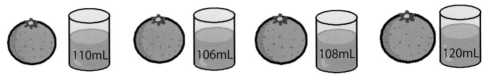

**平均＝合計÷個数**

**1** １個のオレンジからとれるジュースの量を調べたら、次のようになりました。

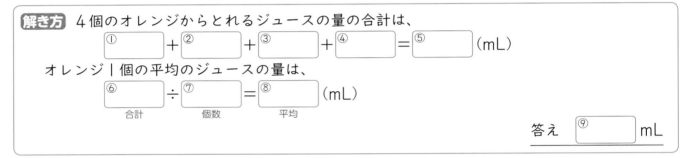

110mL　　106mL　　108mL　　120mL

オレンジ１個から、平均何 mL のジュースがとれると考えられますか。

**解き方** ４個のオレンジからとれるジュースの量の合計は、

①◯◯ ＋ ②◯◯ ＋ ③◯◯ ＋ ④◯◯ ＝ ⑤◯◯（mL）

オレンジ１個の平均のジュースの量は、

⑥◯◯（合計） ÷ ⑦◯◯（個数） ＝ ⑧◯◯（平均）（mL）

答え ⑨◯◯ mL

**2** 次の表は、ただしさんのクラスで、先週の月曜日から金曜日までに欠席した人数です。
１日に平均何人が欠席したことになりますか。

欠席人数

| 曜　日 | 月 | 火 | 水 | 木 | 金 |
|---|---|---|---|---|---|
| 欠席人数（人） | 2 | 3 | 0 | 5 | 4 |

**解き方** 人数のように、小数で表せないものでも、平均は小数で表すことがあります。

　５日間の欠席人数の合計は、

①◯◯ ＋ ②◯◯ ＋ ③◯◯ ＋ ④◯◯ ＋ ⑤◯◯ ＝ ⑥◯◯（人）

　５日間の平均の欠席人数は、

⑦◯◯ ÷ ⑧◯◯ ＝ ⑨◯◯（人）

欠席した人数が
０人の日も日数に
入れるよ。

答え ⑩◯◯ 人

# 練習

教科書　上 44〜52 ページ　　答え　6 ページ

**1** 牛にゅうが入れ物に入っています。
１つの入れ物に平均何 dL 入っていますか。

教科書　45 ページ **1**

（　　　　　　　　）

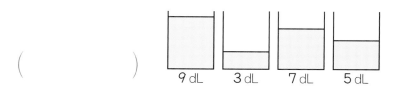

9 dL　　3 dL　　7 dL　　5 dL

**！ まちがい注意**

**2** 次の表は、けんたさんが、１月から５月に読んだ本のさっ数です。
１か月に平均何さつ読んだことになりますか。

教科書　46 ページ ▶

**読んだ本のさっ数**

| 月 | １月 | ２月 | ３月 | ４月 | ５月 |
|---|---|---|---|---|---|
| 読んだ本のさっ数(さつ) | 2 | 5 | 6 | 0 | 4 |

（　　　　　　　　）

**3** 次の表は、１ぱんと２はんの漢字のテストの点数です。

教科書　48 ページ ▶

**１ぱんの漢字のテストの点数**

| 名　前 | あきら | かずま | さち | まり | やよい |
|---|---|---|---|---|---|
| 点数(点) | 6 | 9 | 7 | 8 | 9 |

**２はんの漢字のテストの点数**

| 名　前 | まさき | けんた | しょう | えり | はるみ | ゆりか |
|---|---|---|---|---|---|---|
| 点数(点) | 8 | 7 | 9 | 6 | 7 | 8 |

① 　１ぱんと２はんの漢字のテストの平均点を求めましょう。

１ぱん（　　　　　　　　）　　２はん（　　　　　　　　）

② 　どちらのはんの平均点が高いですか。

（　　　　　　　　）

**4** たまごが４個あります。それぞれの重さは、73 g、74 g、78 g、75 g でした。
たまごの重さは、１個平均何 g ですか。
いちばん軽いたまごの重さを基準(仮の平均)にして考えましょう。

教科書　51 ページ **5**

（　　　　　　　　）

**ヒント** **4** いちばん軽いたまご 73 g を基準にして、ほかのたまごがどれだけ
重いかを考え、その平均を使います。

ぴったり3
確かめのテスト

④ 平均
へいきん

時間 30分

／100

合格 80点

教科書 上 44〜55 ページ ｜ 答え 6 ページ

知識・技能

／50点

**1** よく出る みかんが7個あります。それぞれの重さを量ったら、次のようになりました。

98g　　102g　　95g　　110g　　100g　　99g　　96g

みかんの重さは、1個平均何gですか。

(10点)

（　　　　　）

**2** 次の表は、先週、学校の図書室を利用した人数を調べたものです。

各10点(20点)

図書室を利用した人数

| 曜　日 | 月 | 火 | 水 | 木 | 金 |
|---|---|---|---|---|---|
| 人数(人) | 36 | 40 | 52 | 37 | 45 |

① 1日平均何人が利用したことになりますか。

（　　　　　）

② 図書室を利用する1日平均の人数が先週と同じであるとすると、20日間では、何人が利用することになると考えられますか。

（　　　　　）

**3** ある小学校の5年生では、組ごとに毎朝大なわとびの練習をしています。1組、2組、3組が先週何回練習したのかを、次の表にまとめました。3組はキャプテンが1日休んだので、4日しか練習できませんでした。

各10点(20点)

大なわとびを練習した回数　　（回）

| | 第1日 | 第2日 | 第3日 | 第4日 | 第5日 |
|---|---|---|---|---|---|
| 1組 | 3 | 4 | 4 | 5 | 6 |
| 2組 | 5 | 3 | 4 | 4 | 3 |
| 3組 | 4 | 6 | 3 | 7 | |

① 3組は1日平均何回練習したことになりますか。

（　　　　　）

② どの組がいちばんよく練習したといえるか、平均で比べましょう。

（　　　　　）

思考・判断・表現　　　　　　　　　　　　　　　　　　　　／50点

**4** よく出る 5年1組と2組で、魚つりに行きました。

それぞれの組の参加した人数とつった魚の全体の数は、右の表のようになります。

どちらの組がより多くつったといえるか、1人平均何びきつったかで比べましょう。　　　　　　　　　　　　(10点)

つった魚の数

| | 人数（人） | 全体の数（ひき） |
|---|---|---|
| 1組 | 18 | 81 |
| 2組 | 15 | 69 |

（　　　　　　　　　　　）

**できたらスゴイ！**

**5** 次の表は、こうたさんが10歩歩いた長さです。　　　　　　各10点(20点)

こうたさんが10歩歩いた長さ

| 回　数 | 1回目 | 2回目 | 3回目 | 4回目 |
|---|---|---|---|---|
| 10歩歩いた長さ(m) | 5.55 | 5.27 | 5.32 | 5.18 |

① こうたさんの歩はばは約何mですか。小数第三位を四捨五入して求めましょう。

（　　　　　　　　　　　）

② こうたさんが、家から学校までの歩数を数えたところ、1132歩でした。

①の結果を使うと、家から学校までの道のりは約何mと考えられますか。小数第一位を四捨五入して求めましょう。

（　　　　　　　　　　　）

**6** 次の表は、たけしさんが走りはばとびを4回した記録です。

走りはばとびの記録

| 回数 | 1回目 | 2回目 | 3回目 | 4回目 |
|---|---|---|---|---|
| 記録 | 3 m 18 cm | 3 m 10 cm | 85 cm | 3 m 20 cm |

平均を使って、たけしさんは何m何cmとべるといえるか考えましょう。　　　　　(10点)

（　　　　　　　　　　　）

**7** ほのかさんは、1日平均20題の計算練習を目標としています。

日曜日から金曜日までの6日間の平均は18題でした。土曜日に何題練習すれば、日曜日から土曜日までの7日間に、目標の1日平均20題を達成できますか。　　　　　(10点)

（　　　　　　　　　　　）

 **ふりかえり** 1がわからないときは、16ページの1にもどって確認してみよう。

ぴったり1 準備

3分でまとめ

5 倍数と約数
① 偶数と奇数

学習日　月　日

教科書 上 56〜59 ページ　答え 7 ページ

次の □ にあてはまる数やことばを書きましょう。

**ねらい** 偶数と奇数がわかるようにしよう。

練習 ①②③

### 偶数と奇数

整数のうち、2でわり切れる数を**偶数**、2でわり切れない数を**奇数**といいます。

0は偶数とします。

どんな整数も、偶数か奇数のどちらかになります。

偶数　0、2、4、6、8、10、12、…

奇数　1、3、5、7、9、11、13、…

**1** 0から20までの整数を数直線にならべました。

0 1 2 3 4 5 6 7 8 9 10 11 12 13 14 15 16 17 18 19 20

(1) 偶数に〇をかいて調べましょう。

偶数と奇数は、それぞれ何個ありますか。

(2) 偶数と奇数はどのようにならんでいますか。

(3) 10から20までの偶数の一の位は、どんな数ですか。

**解き方** (1) ①□ 個の偶数に〇をかきました。残りの数字が ②□ になります。

0から20までの整数のうち、偶数は ③□ 個、奇数は ④□ 個あります。

(2) 偶数と奇数は、□ にならんでいます。

(3) 10から20までの偶数は、小さい順に、10、①□、②□、③□、④□、

20で、一の位の数は、すべて ⑤□ です。

**2** 次の整数を、偶数と奇数に分けましょう。

13　27　32　126　281　624

**解き方** 整数のうち、2でわり切れる数を ①□ といい、2でわり切れない数を ②□ といいます。上の整数を2でわって、わり切れるか、わり切れないかで調べます。

$13 \div 2 =$ ③□ あまり1　　$27 \div 2 =$ ④□ あまり1

$32 \div 2 =$ ⑤□　　　　　$126 \div 2 =$ ⑥□

$281 \div 2 =$ ⑦□ あまり1　$624 \div 2 =$ ⑧□

偶数の一の位が
0、2、4、6、8
のどれかになること
からも考えられるよ。

偶数は小さい順に、⑨□、⑩□、⑪□ となります。

奇数は小さい順に、13、27、⑫□ となります。

# 練習

★ できた問題には、「た」をかこう！★
でき ① でき ② でき ③

学習日 月 日

教科書 上 56～59 ページ 答え 7 ページ

**1** 偶数と奇数は、ある整数を□として、次のように表せます。

偶数…2×□  奇数…2×□＋1

次の ◯ にあてはまる数を書きましょう。  教科書 57 ページ 1

① 奇数  17＝2× ◯ ＋1

② 偶数  26＝2× ◯

③ 偶数  54＝2× ◯

④ 奇数  73＝2× ◯ ＋1

**2** 次の整数は、偶数ですか、奇数ですか。  教科書 57 ページ 1

① 29

② 78

③ 124

( )  ( )  ( )

④ 1237

⑤ 48316

⑥ 113115

( )  ( )  ( )

**3** 偶数と奇数は、右の図のように表せます。
次の問いに答えましょう。  教科書 59 ページ 2

① まさやさんは、奇数と奇数の和が偶数になることを、次のように説明しました。◯ にあてはまる数やことばを書きましょう。

奇数を図にかくと ⑦ ◯ のまとまり（🔳で表される）がいくつかと、① ◯ （●で表される）になります。

●と●で 🔳 ができるので、奇数を2つたすと、

⑦ ◯ のまとまりだけになります。

よって、奇数と奇数の和は ⑨ ◯ です。

② 偶数と偶数の和は、どんな数になりますか。

( )

③ 偶数と奇数の和は、どんな数になりますか。

( )

# ぴったり1 準備

⑤ 倍数と約数

## ② 倍数と公倍数

教科書　上 60〜66 ページ　答え　7 ページ

次の　　にあてはまる数を書きましょう。

◎ねらい　倍数の意味を理解しよう。　　　　練習 ①②

### 🐾 倍数

$3×1$、$3×2$、$3×3$、…のように、3を整数倍してできる数を、**3の倍数**といいます。
0はのぞいて考えます。

**1** 高さ4cmのチョコレートの箱を積んでいきます。
高さは何の倍数になっていますか。

**解き方** 箱を1個、2個、3個、…と積んでいくと、高さは、順に、

$4×1=$ ①　　　(cm)、　　　$4×2=$ ②　　　(cm)、　　　$4×3=$ ③　　　(cm)、　　…

となり、いつも、④　　　を整数倍してできる数です。

高さは ⑤　　　の倍数になっています。

◎ねらい　公倍数、最小公倍数についてわかるようにしよう。　　練習 ③④

### 🐾 公倍数と最小公倍数

★3の倍数と4の倍数に共通な数を、3と4の**公倍数**といいます。
★公倍数の中でいちばん小さい数を**最小公倍数**といいます。
★公倍数は、最小公倍数の倍数になっています。

**2** 次の組の数の公倍数を、小さい方から順に3つ求めましょう。
(1) （4、6）　　　　　　　　　　　　　(2) （4、6、8）

**解き方** 4、6、8の倍数を、それぞれ小さい方から順に求めると、

4の倍数　4、①　　　、②　　　、③　　　、…

6の倍数　6、④　　　、⑤　　　、⑥　　　、…

8の倍数　8、⑦　　　、⑧　　　、⑨　　　、…

のようになります。

(1) 4と6の最小公倍数は ①　　　だから、4と6の公倍数を、

小さい方から順に3つ求めると、②　　　、③　　　、④　　　です。

(2) 8は4の倍数だから、6と8の公倍数を調べればよいです。

6と8の最小公倍数は ①　　　だから、4、6、8の公倍数を、

小さい方から順に3つ求めると、②　　　、③　　　、④　　　です。

公倍数は、
最小公倍数の
倍数だよ。

# 練習

★ できた問題には、「た」をかこう！★

でき ① でき ② でき ③ でき ④

教科書 上 60～66 ページ　⟹答え 7 ページ

**1** 次の倍数を、小さい順に5つ求めましょう。

教科書 61 ページ ❸

① 2の倍数

② 21の倍数

(　　　　　　　)　　　　　　　(　　　　　　　)

**2** 次の問いに答えましょう。

教科書 61 ページ ❹

① 15は何の倍数ですか。全部求めましょう。

(　　　　　　　)

② 28は何の倍数ですか。全部求めましょう。

(　　　　　　　)

**3** 次の組の数の公倍数を、小さい方から順に4つ求めましょう。
また、最小公倍数を求めましょう。

教科書 64 ページ ❸、65 ページ ❹

① （4、8）

② （12、18）

公倍数 (　　　　　　　)　　　　公倍数 (　　　　　　　)

最小公倍数 (　　　　　　　)　　　最小公倍数 (　　　　　　　)

③ （2、3、5）

④ （6、8、16）

公倍数 (　　　　　　　)　　　　公倍数 (　　　　　　　)

最小公倍数 (　　　　　　　)　　　最小公倍数 (　　　　　　　)

**4** 高さ3cmの箱と高さ5cmの箱をそれぞれ積んでいきます。
2つの箱の高さが初めて等しくなるのは、高さが何cmのときですか。

教科書 66 ページ ❸

(　　　　　　　)

ヒント　④ 3と5の最小公倍数を求めます。

5 倍数と約数

③ 約数と公約数

教科書 上 67〜70 ページ ▶答え 8 ページ

✐ 次の ☐ にあてはまる数を書きましょう。

🎯ねらい 約数の意味を理解しよう。　　　練習 ①➡

🐾約数

　1、2、3、4、6、12 のように、12 をわり切ることができる整数を、12 の**約数**といいます。

**1** 28 の約数を全部求めましょう。

解き方 28 を、1、2、3、…で順にわっていき、28 をわり切ることができる整数を見つけます。28 の約数を小さい順にならべると次のようになり、全部で6個あります。

どんな整数でも、1とその数自身は約数になっているよ。

28
28
1、☐①　　　、☐②　　　、☐③　　　、☐④　　　、28
28

🎯ねらい 公約数、最大公約数についてわかるようにしよう。　　　練習 ②③④➡

🐾公約数と最大公約数

　12 の約数と 18 の約数に共通な数を、12 と 18 の**公約数**といいます。
　公約数の中で、いちばん大きい数を**最大公約数**といいます。

公約数は最大公約数の約数になっているね。

　　　　12 の約数　　●1、2、3、4、6、12
　　　　18 の約数　　●1、2、3、　　　6、9、18
　12 と 18 の公約数　　1、2、3、　　　　6 ←(最大公約数は6)

**2** 次の組の数の公約数を全部求めましょう。また、最大公約数を求めましょう。
　(1)　(16、24)　　　　　　　　　　(2)　(12、16、24)

解き方 12、16、24 の約数を、それぞれ全部求めて小さい順にならべると、次のようになります。

　　12 の約数　　　1、2、☐①　　、☐②　　、☐③　　、12

　　16 の約数　　　1、2、☐④　　、☐⑤　　、16

　　24 の約数　　　1、2、☐⑥　　、☐⑦　　、☐⑧　　、☐⑨　　、☐⑩　　、24

(1)　16 と 24 の公約数は、16 の約数と 24 の約数に共通な数なので、小さい順に、
　1、☐①　　、☐②　　、☐③　　となります。また、最大公約数は☐④　　です。

(2)　12 と 16 と 24 の公約数は、
　12 の約数と、(1)で求めた「16 と 24 の公約数」に共通な数なので、小さい順に、
　1、☐①　　、☐②　　となります。また、最大公約数は☐③　　です。

**1** 次の数の約数を全部求めましょう。

教科書 67 ページ **1**

① 15　　　　　② 20　　　　　③ 23

（　　　　　　）　（　　　　　　）　（　　　　　　）

**2** 次の組の数の公約数を全部求めましょう。
また、最大公約数を求めましょう。

教科書 69 ページ **2**、70 ページ **3**

① （9、27）　　　　　　　　　② （18、30）

公約数（　　　　　　）　　　　公約数（　　　　　　）

最大公約数（　　　　　　）　　最大公約数（　　　　　　）

③ （9、15、30）　　　　　　　④ （13、26、29）

公約数（　　　　　　）　　　　公約数（　　　　　　）

最大公約数（　　　　　　）　　最大公約数（　　　　　　）

**3** たて 27 cm、横 45 cm の長方形の中に、すき間がないように、同じ大きさの正方形をしきつめます。
正方形の 1 辺の長さが何 cm のとき、しきつめられますか。全部求めましょう。
しきつめる正方形の 1 辺の長さを表す数は、整数とします。

教科書 67 ページ **1**

（　　　　　　　　　　）

**4** えん筆 20 本と消しゴム 12 個を、どちらも同じ数ずつ、何人かの子どもにあまりなく分けようと思います。
子どもの人数がいちばん多いとき、何人の子どもに分けられますか。

教科書 69 ページ **2**

（　　　　　　　　　　）

🐷 ヒント　　**3** 2つの数の公約数を求めます。
　　　　　　**4** 2つの数の最大公約数を求めます。

# ⑤ 倍数と約数

知識・技能　　　　　　　　　　　　　　　　　　　　　　　／72点

**1** 次の □ にあてはまることばを書きましょう。　　　　各4点(16点)

① 整数のうち、2でわり切れる数を □ 、2でわり切れない数を □ といいます。

② 6は、24の □ で、24は、6の □ です。

**2** 次の倍数を、小さい順に5つ求めましょう。　　　　各4点(8点)

① 7の倍数　　　　　　　　　　② 13の倍数

（　　　　　　　　　　）　（　　　　　　　　　　）

**3** 次の約数を全部求めましょう。　　　　各4点(8点)

① 9の約数　　　　　　　　　　② 50の約数

（　　　　　　　　　　）　（　　　　　　　　　　）

**4** よく出る 次の組の数の公倍数を、小さい方から順に3つ求めましょう。

また、最小公倍数を求めましょう。　　　　全部できて 1問5点(20点)

① （5、8）　　　　　　　　　　② （4、6）

　　　　　公倍数 （　　　　　　　　　）　　　　　　公倍数 （　　　　　　　　　）

　　　　最小公倍数 （　　　　　　　　　）　　　　最小公倍数 （　　　　　　　　　）

③ （2、3、7）　　　　　　　　④ （3、9、27）

　　　　　公倍数 （　　　　　　　　　）　　　　　　公倍数 （　　　　　　　　　）

　　　　最小公倍数 （　　　　　　　　　）　　　　最小公倍数 （　　　　　　　　　）

**⑤** よく出る 次の組の数の公約数を全部求めましょう。
また、最大公約数を求めましょう。

全部できて 1問5点（20点）

① （6、18）

② （10、40）

公約数　（　　　　　　　）

公約数　（　　　　　　　）

最大公約数　（　　　　　　　）

最大公約数　（　　　　　　　）

③ （6、15、21）

④ （12、20、28）

公約数　（　　　　　　　）

公約数　（　　　　　　　）

最大公約数　（　　　　　　　）

最大公約数　（　　　　　　　）

---

**思考・判断・表現**　　　　　　　　　　　／28点

**⑥** 算数の教科書を開いたら、左が 12 ページ、右が 13 ページでした。同じ教科書の 70 ページから 81 ページまでのページ数を、左のページと右のページに分けました。次の問いに答えましょう。

各4点（16点）

① 左のページの数を、小さい順に全部書きましょう。
また、左のページの数はどんな数ですか。

（　　　　　　　　　　　）

（　　　　　　　　　　　）

② 右のページの数を、小さい順に全部書きましょう。
また、右のページの数はどんな数ですか。

（　　　　　　　　　　　）

（　　　　　　　　　　　）

**⑦** A駅から、電車は 12 分おきに、バスは 16 分おきに出発します。午前7時に電車とバスが同時に出発しました。次に同時に出発するのは、午前何時何分ですか。

（4点）

午前（　　　　　　　　　）

**⑧** たて 18 cm、横 27 cm の方眼紙があります。この方眼紙から同じ大きさの正方形を、むだのないように切り取っていきます。切り取れるいちばん大きい正方形の1辺の長さは何 cm ですか。
また、その正方形は何まい切り取れますか。

各4点（8点）

（　　　　cm）（　　　　まい）

ふりかえり 🐷 **⑥**①がわからないときは、20 ページの **②** にもどって確認してみよう。

# こみぐあい、人口密度

✎ 次の□にあてはまる数や記号を書きましょう。

🎯ねらい　こみぐあいを比べる方法を理解しよう。　　練習 ① ② ③ →

### 🐾こみぐあいの比べ方

　こみぐあいは、シートやたたみの1まいあたりの人数や、1人あたりの広さを考えることで比べることができます。また、1m²あたりの人数で比べると、わかりやすくなることがあります。ふつう、1m²や1km²など、面積をそろえて比べます。

### 🐾人口密度

　1km²あたりの人数のことを、**人口密度**といいます。
　国や都道府県などに住んでいる人のこみぐあいは、人口密度で表します。

**1** 　林間学校のときにとまった部屋の広さと子どもの人数は右の表のようになっていました。
　A室とB室ではどちらがこんでいましたか。

**部屋の広さと子どもの人数**

| | たたみの数(まい) | 子どもの数(人) |
|---|---|---|
| A室 | 15 | 8 |
| B室 | 18 | 10 |

**解き方** たたみ1まいあたりの人数と、子ども1人あたりの広さの2とおりの方法で調べます。

　たたみ1まいあたりの人数で比べると、

A室は、①[　　]÷15＝0.533…　で、約②[　　]人

B室は、③[　　]÷18＝0.555…　で、約④[　　]人 ← 小数第三位を四捨五入しましょう。

　たたみ1まいあたりの人数が多いほどこんでいるから、⑤[　　]室の方がこんでいたといえます。

　1人あたりのたたみのまい数で比べると、← 小数第三位を四捨五入しましょう。

A室は、⑥[　　]÷8＝1.875　で、約⑦[　　]まい

B室は、⑧[　　]÷10＝⑨[　　]　で、⑩[　　]まい

　子ども1人あたりのたたみのまい数が少ないほどこんでいるから、⑪[　　]室の方がこんでいたといえます。

**2** 　右の表は、A市とB市の人口と面積を表したものです。
どちらの市がこんでいますか。
　人口密度(1km²あたりの人数)を求めて、こみぐあいを比べましょう。

**人口と面積**

| | 人口(人) | 面積(km²) |
|---|---|---|
| A市 | 406900 | 1240 |
| B市 | 275400 | 770 |

**解き方** 人口密度を求めて比べます。

A市は、①[　　]÷1240＝328.1…で、約②[　　]人

B市は、③[　　]÷770＝357.6…で、約④[　　]人

答え ⑤[　　]市

小数第一位を四捨五入
して整数で求めましょう。

# 練習

教科書 上76〜81ページ  答え 9ページ

## 1 3つの小屋でニワトリを飼っています。

教科書 77ページ 1、79ページ 2

① ⑦と⑦では、どちらがこんでいるといえますか。

(          )

② ⑦と⑦では、どちらがこんでいるといえますか。

(          )

### 小屋の面積とニワトリの数

|    | 面積（m²） | ニワトリの数（羽） |
|----|--------|--------------|
| ⑦ | 4 | 10 |
| ⑦ | 5 | 10 |
| ⑦ | 5 | 13 |

③ ⑦と⑦のこみぐあいを比べます。

あ 1m² あたりのニワトリの数をそれぞれ求めましょう。

⑦ (          )    ⑦ (          )

い ニワトリ1羽あたりの面積をそれぞれ求めましょう。

小数第三位を四捨五入

⑦ (          )    ⑦ (          )

う ⑦と⑦では、どちらがこんでいるといえますか。

(          )

## 2 次の⑦と⑦のうち、どちらがこんでいますか。

教科書 77ページ 1

① ⑦ マット5まいに12人。
　 ⑦ マット6まいに15人。

(          )

② ⑦ 5両に900人乗っている電車。
　 ⑦ 7両に1435人乗っている電車。

(          )

## 3 右の表は、A市とB市の人口と面積を表したものです。

教科書 80ページ 3

① A市の人口密度を求めましょう。

(          )

### 人口と面積

|    | 人口（人） | 面積（km²） |
|----|--------|----------|
| A市 | 55632 | 152 |
| B市 | 35520 | 96 |

② A市とB市では、どちらの市の人口密度が高いですか。

(          )

😊ヒント
1 ①② ⑦と⑦はニワトリの数が同じ、⑦と⑦は面積が同じです。
2 マット1まいや電車1両あたりの人数で比べます。

## ぴったり① 準備

6　単位量あたりの大きさ(1)

# いろいろな単位量あたりの大きさ

教科書　上82〜85ページ　　答え　9ページ

✎ 次の◯にあてはまる数を書きましょう。

◎ねらい　単位量あたりの大きさで比べられるようにしよう。　練習①②③④

### 🐾 単位量あたりの大きさ

人口密度、1mあたりの重さなどを、**単位量あたりの大きさ**といいます。

単位量あたりの大きさがわかれば、いくつ分や全部の大きさを求めることができます。

**1**　長さが4mで重さが140gのはり金があります。

(1) このはり金の1mあたりの重さは何gですか。

(2) このはり金9mの重さは何gですか。

(3) このはり金525gの長さは何mですか。

**解き方**　4つの数の関係を図や表を使って表します。

1mあたりの重さ(単位量あたりの大きさ)を◯gとします。

(1) 単位量あたりの大きさ＝全部の大きさ÷いくつ分　から、◯の値を求めます。

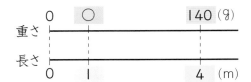

| ◯g | 140g |
|---|---|
| 1m | 4m |

① ◯ ÷ ② ◯ ＝ ③ ◯ から、このはり金1mあたりの重さは、④ ◯ gです。

(2) 全部の大きさ＝単位量あたりの大きさ×いくつ分　から、□の値を求めます。

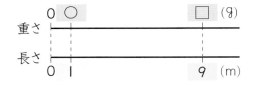

| ◯g | □g |
|---|---|
| 1m | 9m |

① ◯ × ② ◯ ＝ ③ ◯ から、このはり金9mの重さは、④ ◯ gです。

(3) いくつ分＝全部の大きさ÷単位量あたりの大きさ　から、△の値を求めます。

| ◯g | 525g |
|---|---|
| 1m | △m |

① ◯ ÷ ② ◯ ＝ ③ ◯ から、このはり金525gの長さは、④ ◯ mです。

ぴったり 2
# 練習
★ できた問題には、「た」をかこう！★
でき 1　でき 2　でき 3　でき 4

学習日　　月　　日

教科書　上 82〜85 ページ　　答え 9〜10 ページ

**1** 長さが 40 cm で、重さが 2520 g の鉄のぼうがあります。　　教科書 82 ページ 4

① この鉄のぼう 1 cm あたりの重さは、何 g ですか。

（　　　　　　　）

② この鉄のぼう 1 m の重さは、何 g ですか。

（　　　　　　　）

③ この鉄のぼう 1575 g の長さは、何 cm ですか。

（　　　　　　　）

📖 よくよんで

**2** けんじさんの家では、70 m² の畑から 105 kg のじゃがいもが採れ、まさおさんの家では、90 m² の畑から 126 kg のじゃがいもが採れました。どちらの家の畑がよく採れたといえますか。1 m² あたりの重さで比べましょう。　　教科書 84 ページ 5

（　　　　　　　）の家の畑

**3** 6 個で 270 円の A のチョコレートと、8 個で 400 円の B のチョコレートでは、どちらのチョコレートが高いといえますか。1 個あたりの金額で考えましょう。　　教科書 84 ページ 1

1 個あたりのねだんで
比べればいいね。

（　　　　　　　）のチョコレート

**4** ガソリン 40 L で 560 km 走る自動車があります。　　教科書 85 ページ 3

① ガソリン 1 L あたりで走る道のりを求めましょう。

（　　　　　　　）

② ガソリン 50 L では、何 km 走りますか。

（　　　　　　　）

③ 980 km 走るには、何 L のガソリンが必要ですか。

（　　　　　　　）

● ヒント　　4 ② 全部の大きさ＝単位量あたりの大きさ×いくつ分
　　　　　　　③ いくつ分＝全部の大きさ÷単位量あたりの大きさ

ぴったり3
確かめのテスト。

6 単位量あたりの大きさ(1)

時間 30分
/100
合格 80点

教科書 上76〜89ページ 答え 10ページ

知識・技能 /72点

**1** よく出る 次の㋐と㋑のうち、どちらがこんでいますか。 各6点(12点)

① ㋐ 8人が遊んでいる6m²のすな場。
　㋑ 13人が遊んでいる9m²のすな場。

（　　　　　）

② ㋐ 9両に1260人乗っている電車。
　㋑ 12両に1620人乗っている電車。

（　　　　　）

**2** 右の表は、A小学校とB小学校の児童数と運動場の面積を表したものです。 各4点(16点)

① 1人あたりの運動場の面積は、それぞれ約何m²ですか。小数第一位を四捨五入して、整数で求めましょう。

児童数と運動場の面積

| | 児童数(人) | 運動場の面積(m²) |
|---|---|---|
| A小学校 | 980 | 8700 |
| B小学校 | 760 | 7300 |

A小学校（　　　　　）

B小学校（　　　　　）

② 1m²あたりの児童数は、それぞれ約何人ですか。四捨五入して、小数第二位まで求めましょう。

A小学校（　　　　　）

B小学校（　　　　　）

**3** ある3つの町の人口と面積を調べたところ、右の表のようになりました。次の問いに答えましょう。 各5点(15点)

① 北川町と東山町の人口密度を、小数第一位を四捨五入して、それぞれ整数で求めましょう。

人口と面積

| | 人口(人) | 面積(km²) |
|---|---|---|
| 北川町 | 19280 | 60 |
| 東山町 | 16800 | 53 |
| 南西町 | 7900 | 24 |

北川町（　　　　　）

東山町（　　　　　）

② 人口密度の低い順にならべましょう。

（　　　　　）

**4** ノートＡは6さつで810円、ノートＢは8さつで1040円です。
どちらのノートが高いといえますか。1さつあたりの金額で考えましょう。　　(8点)

（　　　　　　　　　　）のノート

**5** 長さが8ｍで、重さが360ｇのはり金があります。　　各7点(21点)
① このはり金1ｍあたりの重さは、何ｇですか。

（　　　　　　　　）

② このはり金14ｍの重さは、何ｇですか。

（　　　　　　　　）

③ このはり金522ｇの長さは、何ｍですか。

（　　　　　　　　）

---

思考・判断・表現　　　　　　　　　　　　　　　　／28点

**6** ガソリン25Ｌで450ｋｍ走る自動車があります。　　各7点(14点)
① この自動車が720ｋｍ走るには、何Ｌのガソリンを使いますか。

（　　　　　　　　）

② この自動車が32Ｌのガソリンを使うと、何ｋｍ走ることができますか。

（　　　　　　　　）

**7** あるおかしの工場では、機械Ａを使うと22分間で286個のクッキーができて、機械Ｂを
使うと16分間で224個のクッキーができます。　　各7点(14点)
① 1分間あたりにできるクッキーの個数が多いのはＡとＢのどちらですか。

（　　　　　　　　）

② 2つの機械を2時間使うと、全部で何個のクッキーができますか。

（　　　　　　　　）

ふりかえり　❶がわからないときは、28ページの❶にもどって確認してみよう。

# ぴったり① 準備

3分でまとめ

**7** 小数のかけ算

## ① 整数×小数の計算

教科書 上 94〜98 ページ　答え 10 ページ

✏️ 次の □ にあてはまる数を書きましょう。

🎯 **ねらい** 小数をかける計算を理解しよう。　　　　練習 ①②

### 🐾 整数×小数の計算

小数を整数になおして計算すると、答えを求めることができます。

**1** 1 m あたりのねだんが 60 円のリボンを 2.6 m 買います。

(1) 代金を求める式を書きましょう。　　　(2) 代金は何円になりますか。

**解き方**

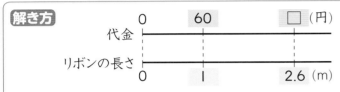

| | 60 円 | □円 |
|---|---|---|
| | 1 m | 2.6 m |

(1) いくつ分にあたる数が小数であっても、全部の大きさを
求める計算は、整数と同じように、かけ算になります。

答え $\boxed{①}$ × $\boxed{②}$

$60 \xrightarrow{2.6倍} □$
$1 \xrightarrow[2.6倍]{} 2.6$

(2) 2.6 m を 10 倍すると、26 m になります。整数になおして計算し、
かけ算のきまりを使って答えを求めます。

$60 \times 2.6 = 60 \times \boxed{①} \div 10$

$= \boxed{②} \div 10 = \boxed{③}$　　答え $\boxed{④}$ 円

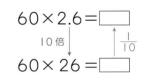
$60 \times 2.6 = \boxed{}$
10倍 ↓ $\frac{1}{10}$
$60 \times 26 = \boxed{}$

🎯 **ねらい** 整数×小数の筆算ができるようにしよう。　　　練習 ③④

### 🐾 整数×小数の筆算

小数点がないものとして、整数の計算と同じように計算します。
積の小数点は、小数点より下のけた数が同じになるようにつけます。

**2** 次の計算を筆算でしましょう。

(1) 70×2.8　　　　　　　　　　　　(2) 4×3.2

**解き方** 上の **1**(2)の考えと同じです。

(1)
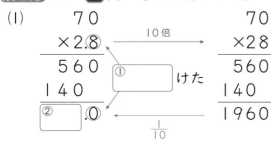
けた

右はしの0と
小数点を
消して…。

答え $\boxed{③}$

(2)
```
      4
×   3.2
      8
  1 2
```

# 練習

学習日　　月　　日

教科書 上 94〜98 ページ　答え 11 ページ

**1** 1m あたりのねだんが 80 円のリボンを 2.7 m 買います。

教科書 95 ページ 1

① 代金を求める式を書きましょう。

（　　　　　　　　　）

② 代金は何円になりますか。

（　　　　　　　　　）

**2** 次の◯◯にあてはまる数を書きましょう。

教科書 97 ページ 2

① $30 \times 3.5 = 30 \times 35 \div \boxed{\text{ア}}$

$= \boxed{\text{イ}} \div \boxed{\text{ウ}}$

$= \boxed{\text{エ}}$

② $90 \times 1.5 = 90 \times 15 \div \boxed{\text{ア}}$

$= \boxed{\text{イ}} \div \boxed{\text{ウ}}$

$= \boxed{\text{エ}}$

**3** 1m あたりの重さが 7g のはり金があります。

このはり金 3.4 m の重さは何 g ですか。

教科書 98 ページ 3

① 式を書きましょう。

（　　　　　　　　　）

② 筆算で計算し、答えを求めましょう。

（　　　　　　　　　）

**4** 次の計算を筆算でしましょう。

教科書 98 ページ 3

① $40 \times 1.6$　　② $50 \times 4.7$　　③ $6 \times 1.8$

④ $8 \times 3.9$　　⑤ $34 \times 1.8$　　⑥ $17 \times 5.4$

ヒント　④ 小数点がないものとして、整数の計算と同じように計算してから、積に小数点をつけます。小数点より下のけた数を同じにします。

7 小数のかけ算

② 小数×小数の計算

教科書 上99〜104ページ ➡答え 11ページ

✏ 次の◯にあてはまる数や記号、ことばを書きましょう。

◎ねらい 小数×小数の筆算のしかたを理解しよう。　練習 ❶❷❺

🐾 小数×小数の筆算のしかた

❶ 小数点がないものとして、整数の計算と同じように計算します。

❷ 積の小数点は、かけられる数とかける数の小数点より下のけた数の数の和だけ、右から数えてつけます。

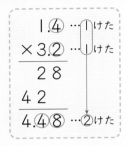

**1** 1dL のペンキで 1.4 m² のかべがぬれます。
このペンキ 3.2 dL では、何 m² のかべがぬれますか。

解き方 式は、1.4×3.2 です。かけられる数とかける数をそれぞれ 10 倍すると、

◯①　×◯②　=◯③

求める面積は、この積の $\frac{1}{100}$ で、◯④　m² です。

かけられる数とかける数をそれぞれ 10 倍すると、100 倍したことになるね。

**2** 次の計算を筆算でしましょう。

(1) 6.72×2.5 　　　　　(2) 0.4×1.8

解き方 (1)

```
    6.7 2
  ×   2.5
```

0のあつかいに気をつけよう。

←0を消しておく。

(2)
```
    0.4
  × 1.8
```

一の位に0を書き、小数点をつけておく。

◎ねらい かける小数と積の大きさの関係を理解しよう。　練習 ❸❹

🐾 積の大きさ

かける数が 1 より大きい　→　積はかけられる数より大きくなる
かける数が 1 より小さい　→　積はかけられる数より小さくなる
かける数が 1　　　　　　　→　積はかけられる数と同じになる

**3** 次のかけ算で、積が 3.8 より小さくなるものを全部選びましょう。

㋐ 3.8×1.2　　　㋑ 3.8×0.8　　　㋒ 3.8×2.5　　　㋓ 3.8×0.6

解き方 1 より小さい小数をかけると、積は、かけられる数より◯　なります。

だから、積が 3.8 より小さくなるのは、◯　と◯　です。

★ できた問題には、「た」をかこう！★
でき 1　でき 2　でき 3　でき 4　でき 5

教科書　上 99〜104 ページ　答え　11 ページ

**1** 次の計算を筆算でしましょう。
教科書　100 ページ ▶

① 4.7×3.5

② 6.7×2.1

③ 8.4×7.6

④ 3.41×6.5

⑤ 3.06×2.8

⑥ 8.2×2.78

**2** 次の計算を筆算でしましょう。
教科書　101 ページ 2

① 3.25×4.8

② 0.6×1.5

③ 2.35×0.4

📖 よくよんで

**3** 1 m あたりの重さが 2.8 kg の鉄のぼうがあります。
教科書　102 ページ 3

① この鉄のぼう 1.1 m の重さを求めましょう。

（　　　　　　　　）

② この鉄のぼう 0.9 m の重さを求めましょう。

（　　　　　　　　）

**4** 次のかけ算で、積がかけられる数より小さくなるものを全部選びましょう。
教科書　102 ページ 3

㋐ 2.8×0.1　　㋑ 1.6×1.4　　㋒ 5.6×1　　㋓ 21×0.9

（　　　　　　　　）

**5** たて 2.9 m、横 3.8 m の長方形の花だんの面積は何 m² ですか。
教科書　104 ページ 4

（　　　　　　　　）

😊 ヒント　　5 面積は、辺の長さが小数で表されているときも、公式にあてはめて
求めることができます。

次の ◯ にあてはまる数を書きましょう。

**ねらい**　計算のきまりを使い、くふうして計算しよう。　練習 ❶❷❸

**計算のきまり**

小数でも、整数のときに成り立った計算のきまりは成り立ちます。

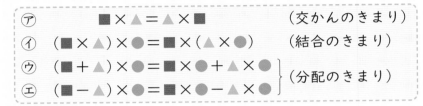

ア　■×▲＝▲×■　　　　　　　　　　（交かんのきまり）

イ　(■×▲)×●＝■×(▲×●)　　　　（結合のきまり）

ウ　(■＋▲)×●＝■×●＋▲×●　　⎫
エ　(■−▲)×●＝■×●−▲×●　　⎬（分配のきまり）

**1** ⑰の分配のきまりが成り立つことを、右の図を見て説明しましょう。

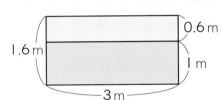

0.6 m
1.6 m
1 m
3 m

**解き方** 図形の面積を考えます。

図形を、1つの長方形と見ると、
面積を求める式は、$\left(1+\boxed{①}\right)\times\boxed{②}$
たて　　　　　横

図形を、2つの長方形を合わせたものと見ると、
面積を求める式は、$1\times3+\boxed{③}\times3$

となります。どちらの式で計算しても、面積は $\boxed{④}$ m² となり、

$\left(1+\boxed{①}\right)\times\boxed{②}=1\times3+\boxed{③}\times3$

なので、小数でも、⑰の分配のきまりが成り立っています。

**2** 計算のきまりを使って、くふうして計算しましょう。

(1)　1.6×2.5×4　　　　　　　　　　(2)　3.2×7.3＋6.8×7.3

**解き方** (1) 3つの数をかけるとき、①の結合のきまりが成り立つので、かける順序を変えても、積は変わりません。

$1.6\times2.5\times4=1.6\times\left(\boxed{①}\times4\right)$

$=1.6\times\boxed{②}$

$=\boxed{③}$

> 2.5×4＝10は
> 覚えておくといいね。
> 0.5×2＝1、0.5×4＝2、…
> も便利だよ。

(2) 2つのかけ算で、かける数が同じであることに目をつけて、
⑰の分配のきまりを右から左へ使います。

$3.2\times7.3+6.8\times7.3=\left(3.2+\boxed{①}\right)\times7.3$

$=\boxed{②}\times7.3$

$=\boxed{③}$

っ た り 2
練 習

★ できた問題には、「た」をかこう！★
でき 1　でき 2　でき 3

学習日
月　　日

教科書　上 105～106 ページ　答え　12 ページ

**1** 次の □ にあてはまる数を書きましょう。

教科書　105 ページ **1**

① 0.9×1.8＝1.8× [　　　]

② (7.8×2.5)×4＝7.8×( [　　　] ×4)

③ (1.8+4.5)×2＝ [　　　] ×2+4.5×2

④ (7.4−5.6)×5＝7.4×5−5.6× [　　　]

**2** 次の □ にあてはまる数を書きましょう。

教科書　106 ページ ▶

① 2.6×4.3＋2.6×5.7
　＝2.6×(4.3＋ⓐ [　　　] )
　＝2.6×ⓑ [　　　]
　＝ⓒ [　　　]

② 3.5×13.4−3.5×3.4
　＝3.5×(13.4−ⓐ [　　　] )
　＝3.5×ⓑ [　　　]
　＝ⓒ [　　　]

**3** 計算のきまりを使って、くふうして計算しましょう。と中の計算も書きましょう。

教科書　106 ページ ▶

① 3.8×4×2.5

② 0.5×6.3×2

③ 6.9×2.4＋3.1×2.4

④ 3.5×2.9−3.5×0.9

**ヒント** **2** ⓒ、ⓓの分配のきまりは、それぞれ　●×(■＋▲)＝●×■＋●×▲
●×(■−▲)＝●×■−●×▲　としても使えます。

ぴったり3
確かめのテスト

⑦ 小数のかけ算

時間 **30**分

／100

合格 **80**点

教科書 上 94〜109 ページ　答え 12〜13 ページ

知識・技能 　　　　　　　　　　　　　　　　　　　　　　　　　　／68点

**1** 次の □ にあてはまる数を書きましょう。　　　　　全部できて 1問6点（12点）

① 3.2×3.6 の計算は、3.2 を ⑦□ 倍し、3.6 を ①□ 倍して、

⑨□ × ①□ の計算をし、答えの 1152 を ②□ にします。

　　　　　3.2×3.6＝⑨□

② 2.34×1.7＝（0.01×⑦□）×（0.1×①□）

　　　　　＝0.01×0.1×⑨□ × ①□

　　　　　＝0.001×②□

　　　　　＝3.978

**2** よく出る 次の計算をしましょう。　　　　　　　　　各4点（12点）
① 20×4.5　　　　　② 70×0.6　　　　　③ 0.06×0.4

**3** よく出る 次の計算を筆算でしましょう。　　　　　各4点（24点）
① 35×1.7　　　　　② 19×4.3　　　　　③ 5.5×3.2

④ 7.2×6.5　　　　　⑤ 1.64×3.5　　　　⑥ 6.03×5.8

**4** よく出る たて 7.3 m、横 9.5 m の長方形の土地があります。
この土地の面積は何 m² ですか。　　　式・答え 各4点(8点)

式

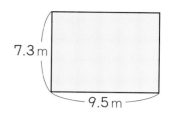

7.3 m
9.5 m

答え（　　　　　　　　　）

**5** 次の計算で、□にあてはまる等号か不等号を書きましょう。　　　各3点(12点)

① 4.8×0.8 □ 4.8　　　　　　　② 4.8×1 □ 4.8

③ 4.8×0.3 □ 4.8　　　　　　　④ 4.8×1.23 □ 4.8

思考・判断・表現　　　　　　　　　　　　　　　／32点

**6** よく出る 1m あたりの重さが 8.2 g のはり金があります。　　式・答え 各4点(16点)

① このはり金 4.5 m の重さは何 g ですか。

式

答え（　　　　　　　　　）

② このはり金 0.7 m の重さは何 g ですか。

式

答え（　　　　　　　　　）

**7** くふうして計算しましょう。と中の計算も書きましょう。　　　各5点(10点)

① 2×9.8×0.5　　　　　　　② 8.4×4.6−4.4×4.6

**8** ある数に 4.5 をかけるところを、まちがえて 4.5 をたしたので、答えが 11.1 になってしまいました。この計算の正しい答えを求めましょう。　　　(6点)

（　　　　　　　　　）

 **1** がわからないときは、36 ページの **1** にもどって確認してみよう。

付録の「計算せんもんドリル」 1 〜 7 もやってみよう！

41

⑧ 小数のわり算

① **整数÷小数の計算**

教科書　上 110〜114 ページ　答え　13 ページ

✏️ 次の ⬜ にあてはまる数を書きましょう。

🎯**ねらい** 整数÷小数の計算のしかたを理解しよう。　　練習 ①②➡

🐾 **整数÷小数の計算**

　小数を整数になおして計算すると、答えを求めることができます。

**1** 1.6 L で 320 円のジュースの、1L あたりのねだんを求めます。
(1) ねだんを求める式を書きましょう。　　(2) 1L あたりのねだんは何円ですか。

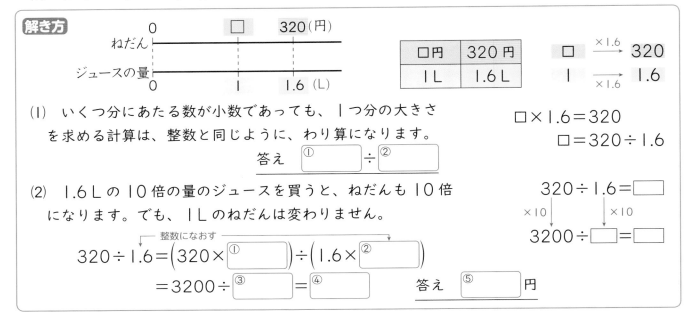

**解き方**

|  | □円 | 320 円 |
|---|---|---|
|  | 1L | 1.6 L |

$$□ \xrightarrow{×1.6} 320$$
$$1 \xrightarrow{×1.6} 1.6$$

(1) いくつ分にあたる数が小数であっても、1つ分の大きさ
　を求める計算は、整数と同じように、わり算になります。
　　　　　　　答え ①⬜ ÷ ②⬜

$$□×1.6=320$$
$$□=320÷1.6$$

(2) 1.6 L の 10 倍の量のジュースを買うと、ねだんも 10 倍
　になります。でも、1L のねだんは変わりません。

$$320÷1.6=□$$
（×10　　↓×10）
$$3200÷□=□$$

整数になおす
$$320÷1.6=\left(320×①\boxed{\phantom{00}}\right)÷\left(1.6×②\boxed{\phantom{00}}\right)$$
$$=3200÷③\boxed{\phantom{00}}=④\boxed{\phantom{00}}$$
答え ⑤⬜ 円

🎯**ねらい** 整数÷小数の筆算ができるようにしよう。　　練習 ③④➡

🐾 **整数÷小数の筆算**

　わられる数とわる数に同じ数をかけても、商は変わらないというわり算のきまりを使って、
わる数を整数にして計算します。

**2** 次の計算を筆算でしましょう。
(1) 6÷1.5　　　　　　　　　　　(2) 90÷3.6

**解き方** わる数を 10 倍して整数になおします。わられる数も 10 倍して計算します。

(1)
```
  1.5)6 0  ➡  15)6 0
              6 0
              ───
                0
```
10倍　10倍

10 倍すると、
小数点は右へ
1けた移るよ。

(2)
```
  3.6)9 0 0  ➡  36)9 0 0
                 7 2
                 ───
                 1 8 0
                 1 8 0
                 ─────
                     0
```
10倍　10倍

# 練習

★ できた問題には、「た」をかこう！★
でき ① でき ② でき ③ でき ④

学習日　　月　　日

教科書 上110〜114ページ ▶ 答え 13ページ

**1** 1.5Lで270円のジュースがあります。

次の▢にあてはまる数を書いて、1Lあたりのねだんを求めましょう。

教科書 111ページ **1**、113ページ **2**

1Lあたりのねだんを求める式は、270÷①▢ です。

次のように計算します。

$$270 ÷ ②▢ = (270 × ③▢) ÷ (④▢ × 10)$$
$$= 2700 ÷ ⑤▢ = ⑥▢$$

答え ⑦▢ 円

**2** 次の▢にあてはまる数を書きましょう。

わる数、わられる数を10倍して、整数どうしの計算にしましょう。

教科書 113ページ **2**

① 6÷1.2 = ⑦▢ ÷ ⑦▢ = ⑦▢

② 45÷1.8 = ⑦▢ ÷ ⑦▢ = ⑦▢

**3** 次の計算を筆算でしましょう。

教科書 114ページ **3**

① 4÷0.5

② 36÷2.4

**！まちがい注意**

③ 216÷1.8

④ 168÷0.8

**4** 面積が78m²で、たての長さが5.2mの長方形の花だんがあります。

横の長さは何mですか。

教科書 114ページ ▶

(　　　　　　　)

**ヒント** ④ 長方形の面積＝たての長さ×横の長さ　だから、
横の長さ＝長方形の面積÷たての長さ　になります。

43

次の◯◯にあてはまる数を書きましょう。

**ねらい** 小数÷小数の計算のしかたを理解しよう。　練習 ①②③④➡

**🐾 小数のわり算の筆算**

❶ わる数が整数になるように、10倍、100倍、…して、小数点を右に移します。

❷ わられる数も、わる数と同じだけ10倍、100倍、…して、小数点を右に移します。

❸ 商の小数点は、わられる数の移した小数点にそろえてつけます。

❹ あとは、整数のわり算と同じように計算します。

**🐾 商の大きさ**　わる数が1より大きい小数→商はわられる数より小さくなる。

わる数が1より小さい小数→商はわられる数より大きくなる。

**🐾 わり進めるわり算**

小数でわる筆算でも、下の位に0があると考えて、わり進めることができます。

```
        2.3
  3.8 ) 8 7.4
         7 6
         1 1 4
         1 1 4
             0
```

**1** 4.68÷2.6 の計算を筆算でしましょう。

**解き方** わる数が整数になるように ①◯◯ 倍して、26 にします。

わられる数も ②◯◯ 倍して、③◯◯ にします。

46.8÷26 を、右のように計算します。

商の小数点は、わられる数の移した小数点にそろえてつけます。

答えは、④◯◯ です。

⑤◯◯
```
  2.6 ) 4 6.8
         2 6
         2 0 8
         2 0 8
             0
```

**2** 4.5÷0.9 の商は、わられる数より大きくなりますか。計算して確かめましょう。

**解き方** わる数が整数になるように ①◯◯ 倍して、9 にします。

わられる数も同じように ②◯◯ 倍して、45 にします。

45÷9 を計算して、答えは ③◯◯ です。

商は、わられる数 4.5 より大きくなります。

④◯◯
```
  0.9 ) 4.5
         4 5
           0
```

**3** 3.6÷2.4 の計算を筆算でしましょう。

わり切れるまでわり進めましょう。

**解き方** まず、36÷24 の計算になおします。

次に、わり進めるために、小数点の下の位に0があると考えて、36 を ①◯◯ とします。

右のように計算すると、商は ②◯◯ です。

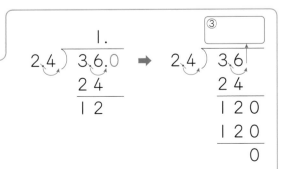

```
         1.
  2.4 ) 3.6.0        ➡   2.4 ) 3.6
         2 4                    2 4
         1 2                    1 2 0
                               1 2 0
                                   0
```
③◯◯

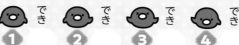
**1** 次の計算を筆算でしましょう。

教科書 115 ページ **1**、116 ページ **2**

① 3.36÷1.2　　② 5.32÷1.4　　③ 9.66÷2.1

④ 9.5÷1.9　　⑤ 7.8÷1.3　　⑥ 9.6÷2.4

**2** 次のわり算で、商が 2.4 より大きくなるものを全部選びましょう。　教科書 117 ページ **2**・**1**

㋐ 2.4÷1.2　　㋑ 2.4÷0.4　　㋒ 2.4÷0.8

（　　　　　　　　）

**3** 次の計算を筆算でしましょう。わり切れるまでわり進めましょう。　教科書 118 ページ **3**・**2**

① 8.5÷2.5　　② 24.6÷1.2　　③ 2.73÷6.5

**4** 次の計算を筆算でしましょう。　教科書 119 ページ **4**・**2**

① 5.64÷2.35　　　② 0.17÷0.68

小数点を右へ
2 けた移せば
いいね。

　④ わる数を 100 倍して整数になおします。わられる数も 100 倍
してわり算します。小数点はそれぞれ右へ 2 けた移ります。

ぴったり① 準備

⑧ 小数のわり算
② 小数÷小数の計算－(2)
③ 図にかいて考えよう

学習日　月　日

教科書　上 120〜123 ページ　答え　14 ページ

✎ 次の □ にあてはまる数を書きましょう。

◎ねらい　商の四捨五入、あまりのあるわり算について理解しよう。　練習①②③

🐾 商の四捨五入

商は、わり切れなかったり、けた数が多くなったりしたとき、がい数で求めることがあります。

🐾 あまりのあるわり算

小数のわり算の筆算では、あまりの小数点は、わられる数のもとの小数点にそろえてつけます。

🐾 答えの確かめ

**わられる数＝わる数×商＋あまり**

$$\begin{array}{r} 3.61 \rightarrow 3.6 \\ 1.3\overline{)47.} \\ 39 \\ \overline{80} \\ 78 \\ \overline{20} \\ 13 \\ \overline{7} \end{array}$$

四捨五入

$$\begin{array}{r} 7. \\ 0.6\overline{)4.6.} \\ 42 \\ \overline{0.4} \end{array}$$

**1**　2.2 L のジュースを、0.6 L ずつ水とうに入れます。
ジュースが 0.6 L 入った水とうは何個できて、ジュースは何 L あまりますか。
また、答えの確かめもしましょう。

**解き方**　式は、2.2÷0.6 だから、筆算は右のようになります。
商は ③ ☐ 、あまりは ④ ☐ です。
答えの確かめは、

**わられる数＝わる数×商＋あまり**

だから、⑤ ☐ ＝ ⑥ ☐ × ⑦ ☐ ＋ ⑧ ☐

① ☐

$$\begin{array}{r} 0.6\overline{)2.2.} \\ 18 \end{array}$$

② ☐

答え　3個できて、0.4 L あまる。

◎ねらい　どんな式になるか図にかいて考えられるようにしよう。　練習④⑤

🐾 図にかいて考えよう

どんな計算になるか考えるとき、図や表にかいてみるとわかりやすくなります。

**2**　1 m² の花だんに 2.6 L の水をまきます。
9.1 L の水では、何 m² にまくことができますか。

**解き方**　いくつ分＝全部の大きさ÷単位量あたりの大きさ　の式を使います。

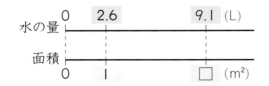

| 2.6 L | 9.1 L |
|---|---|
| 1 m² | ☐ m² |

1つ分の大きさをもとにして、いくつ分かを求めます。
式　① ☐ ÷ ② ☐ ＝ ③ ☐

答え　④ ☐ m²

**1**　3.7 L の油の重さを量ったら、2.8 kg でした。

この油 1 L の重さは、約何 kg ですか。小数第二位を四捨五入して、小数第一位までのがい数で求めましょう。

教科書　120 ページ 5

(　　　　　　　　　)

**2**　商は、小数第三位を四捨五入して、小数第二位までのがい数で求めましょう。

教科書　120 ページ 2

①　5.2÷3.4

②　53.5÷9.5

**3**　9 kg のさとうを、1.4 kg ずつふくろに入れます。

さとう 1.4 kg 入りのふくろは何ふくろできて、何 kg あまりますか。

教科書　121 ページ 6

(　　　　　　　　　)

**4**　1.5 m の重さが 7.8 g のはり金があります。

このはり金 1 m の重さは、何 g ですか。

教科書　122 ページ 1

(　　　　　　　　　)

**5**　1 m の重さが 5.4 g のはり金があります。

教科書　122 ページ 1

①　このはり金 2.3 m の重さは，何 g ですか。

(　　　　　　　　　)

②　このはり金 24.3 g の長さは、何 m ですか。

(　　　　　　　　　)

ヒント　3　商は、整数で求めて、あまりを出します。あまりの小数点は、
わられる数のもとの小数点にそろえてつけます。

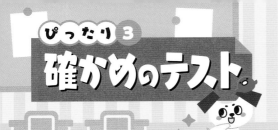
# ⑧ 小数のわり算

時間 **30**分

／100

合格 **80**点

教科書 上 110〜127 ページ　答え 15〜16 ページ

**知識・技能**　／64点

**1** 次の◯にあてはまる数を書きましょう。　全部できて 1問4点(8点)

① $8 \div 1.6 = (8 \times 10) \div \left(1.6 \times \boxed{^{ア}\phantom{00}}\right)$

　　　　　$= 80 \div \boxed{^{イ}\phantom{00}} = \boxed{^{ウ}\phantom{00}}$

② $7.14 \div 2.1 = \left(7.14 \times \boxed{^{ア}\phantom{00}}\right) \div (2.1 \times 10)$

　　　　　$= \boxed{^{イ}\phantom{00}} \div 21 = \boxed{^{ウ}\phantom{00}}$

**2** よく出る 次の計算で、◯にあてはまる不等号を書きましょう。　各4点(8点)

① $134 \div 0.7 \boxed{\phantom{0}} 134$　　　　② $134 \div 1.3 \boxed{\phantom{0}} 134$

**3** よく出る 次の計算を筆算でしましょう。わり切れるまでわり進めましょう。　各4点(24点)

① $15 \div 2.5$　　　　② $204 \div 8.5$　　　　③ $9.1 \div 1.3$

④ $5.6 \div 2.8$　　　　⑤ $1.16 \div 0.8$　　　　⑥ $0.24 \div 0.96$

**4** 商は小数第三位を四捨五入して、小数第二位までのがい数で求めましょう。　各4点(12点)

① $0.8 \div 0.3$　　　　② $12.2 \div 5.6$　　　　③ $6.08 \div 0.69$

**5** **よく出る** 商は整数で求め、あまりも出しましょう。

各4点（12点）

① 8÷3.7

② 7.4÷2.3

③ 7.24÷1.5

思考・判断・表現

／36点

**6** 面積が 30.8 m² で、たてが 3.6 m の長方形の土地があります。
この土地の横の長さは約何 m ですか。
小数第二位を四捨五入して、小数第一位まで求めましょう。

式・答え 各5点（10点）

式

答え（　　　　　　　　）

**7** 3.8 L の牛にゅうを、0.6 L ずつびんに入れます。
牛にゅうが 0.6 L 入ったびんは何個できて、牛にゅうは何 L あまりますか。

式・答え 各5点（10点）

式

答え（　　　　　　　　）

**8** 4.2 m² のかべをぬるのに 6.72 dL のペンキを使いました。

式・答え 各4点（16点）

① 1 m² のかべをぬるのに、このペンキを何 dL 使いますか。

式

答え（　　　　　　　　）

② このペンキ 13.6 dL では、何 m² のかべをぬることができますか。

式

答え（　　　　　　　　）

付録の「計算せんもんドリル」⑧〜⑰もやってみよう！

**ふりかえり** ❶がわからないときは、42 ページの❶(2)にもどって確認してみよう。

倍の計算〜小数倍〜

# 長さを比べよう

教科書　上 128〜129 ページ　　答え　17 ページ

 ひまわりを育てています。小数倍を使って高さを比べましょう。

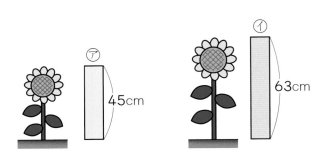 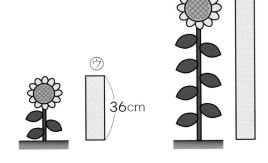

① ⑦の高さは、⑦の高さの何倍ですか。

　　⑧ [　　] ÷ ⓘ [　　] = ⑨ [　　]

　　　　答え ⓔ [　　] 倍

| ⑦ | ⑦ |
|---|---|
| 45 cm | 63 cm |
| 1倍 | □倍 |

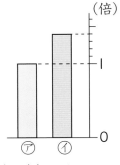

⑦は、⑦をもとにするとはしたが出るので、1と2の間を 10 等分して小数で表しました。

② ⑦の高さは、⑦の高さの何倍ですか。

　　⑧ [　　] ÷ ⓘ [　　] = ⑨ [　　]

　　　　答え ⓔ [　　] 倍

| ⑦ | ⑦ |
|---|---|
| 45 cm | 36 cm |
| 1倍 | □倍 |

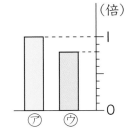

小数倍は、1 より小さい小数で表すこともあります。

③ ⑦の高さは、⑦の高さの 2.5 倍です。
　　⑦の高さは、何 cm ですか。

　　⑧ [　　] × ⓘ [　　] = ⑨ [　　]
　　⑦の高さ　　　倍

　　　　答え ⓔ [　　] cm

| ⑦ | ⑦ |
|---|---|
| 36 cm | □ cm |
| 1倍 | 2.5 倍 |

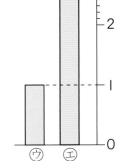

④ ⑦の高さは、①の高さの何倍ですか。

| ① | ⑦ |
|---|---|
| ○ cm | 36 cm |
| 1倍 | □倍 |

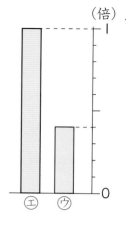

答え ⑂ [　] 倍

⑤ ①の高さは、①の高さの 0.7 倍です。①の高さと①の高さの関係を正しく表している図はどれですか。次の⑥〜②から選びましょう。

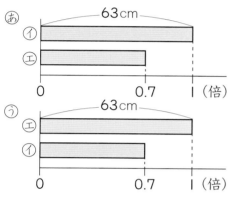

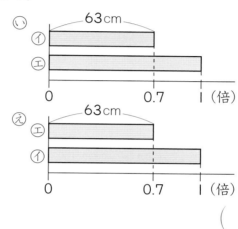

(　　　　　　　)

★2 **右のような4本のリボンがあります。**

① ①の長さは、⑦の長さの何倍ですか。

(　　　　　　　)

② ⑦の長さは、⑦の長さの何倍ですか。

(　　　　　　　)

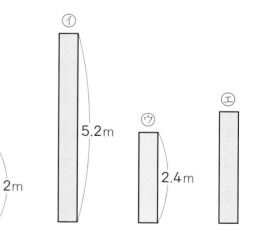

③ ①の長さは、⑦の長さの 1.25 倍です。
①の長さは、何 m ですか。

(　　　　　　　)

④ ⑦の長さは、①の長さの何倍ですか。

(　　　　　　　)

この本の終わりにある「夏のチャレンジテスト」をやってみよう！

教科書 上 132〜135 ページ　答え 17 ページ

✏ 次の◻にあてはまる数を書きましょう。

◎ねらい　三角形の角の大きさの和を調べよう。　練習 ① ② ③

🐾 三角形の３つの角の大きさの和

　どんな三角形でも、３つの角の大きさの和は
180°です。

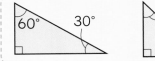

**1** 次の⑦〜⑨の角の大きさを、計算で求めましょう。

(1)
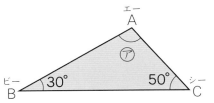

(2) 二等辺三角形
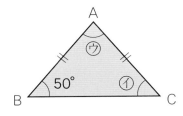

**解き方** 三角形の３つの角の大きさの和は、180°です。

(1) ⑦の角の大きさは、

◻①°−(◻②°+◻③°)=◻④°

(2) 二等辺三角形の◻①つの角の大きさは等しいです。

　⑦の角の大きさは、◻②°です。

　⑨の角の大きさは、

◻③°−◻④°×2=◻⑤°

**2** 右のような三角形で、⑦と⑦と⑨の角の大きさについて
どんなことがわかりますか。

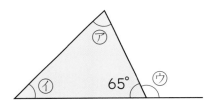

**解き方** 三角形の３つの角の大きさの和は◻①°なので、

⑦の角の大きさと⑦の角の大きさの和は、

◻②°−◻③°=◻④°

　65°の角と⑨の角が集まって直線になるので、

⑨の角の大きさは、

◻⑤°−◻⑥°=◻⑦°

　⑦の角の大きさと⑦の角の大きさの和と、

⑨の角の大きさとは等しいことがわかります。

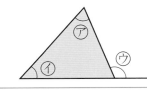

どんな三角形でも、
⑦+⑦=⑨の
関係があります。

★ できた問題には、「た」をかこう！★

でき ① でき ② でき ③

📖教科書 上 132〜135 ページ ➡答え 17 ページ

**1** 次の⑦〜⑦の角の大きさを、計算で求めましょう。

教科書 135ページ **2**

① 20° ⑦ 25°

② 二等辺三角形 ⑦ ① 35°

① （　　　　　　）
⑦ （　　　　　　）

（　　　　　　）

③ 直角三角形 50° ①

④ 正三角形 ⑦

（　　　　　　）

（　　　　　　）

**2** 次の⑦、①の角の大きさを、計算で求めましょう。

教科書 135ページ ▶

① A
40°
30° ⑦
B　　C

② 50° 80° ①

（　　　　　　）

（　　　　　　）

🔍よくみて

**3** 次の⑦、①の角の大きさを、計算で求めましょう。

教科書 135ページ ▶

① A
50°
⑦ 110°
B　　C

② ① 30° 45°

（　　　　　　）

（　　　　　　）

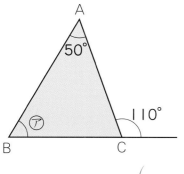ヒント **2 3** 左のページの **2** で調べた三角形の角の大きさの関係を
使いましょう。

53

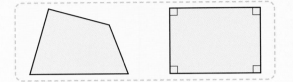
✏️ 次の ☐ にあてはまる数を書きましょう。

**ねらい** 四角形の4つの角の大きさの和を調べよう。 練習 ①②

🐾 **四角形の4つの角の大きさの和**

どんな四角形でも、4つの角の大きさの和は 360°です。

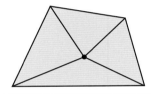

**1** 次の図は、四角形の4つの角の大きさの和の求め方を考えたものです。それぞれの考えを式に表しましょう。

(1)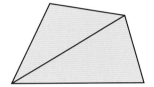

(2)

**解き方** 三角形の3つの角の大きさの和が ☐① ° であることをもとにして考えます。

(1) 2つの三角形に分けます。三角形 ①☐ つ分だから、

②☐ ° × ③☐ = ④☐ °

(2) 四角形の中に点をとって、4つの三角形に分けます。

三角形 ①☐ つ分の角の大きさの和から

中の点に集まった角の ②☐ ° をひいて、

③☐ ° × ④☐ − ⑤☐ ° = ⑥☐ °

こんな形の四角形ではどうなるかな？

**2** 次の⑦、④の角の大きさを、計算で求めましょう。

(1)

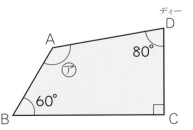

A
D（ディー）
80°
⑦
60°
B
C

(2) 平行四辺形

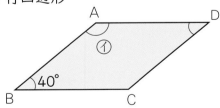

A
D
④
40°
B
C

**解き方** 四角形の4つの角の大きさの和は ☐① ° です。

(1) ①☐ ° − ( ②☐ ° + ③☐ ° + ④☐ ° ) = ⑤☐ °

(2) 平行四辺形の向かい合った角の大きさは等しいから、角Dの大きさは ☐① ° です。

角Aと角Cの大きさの和は、 ②☐ ° − ③☐ ° × 2 = 280°

角Aと角Cの大きさは等しいので、280°÷2 = ④☐ °

教科書　上 136〜138 ページ　　答え　18 ページ

**1** 次の⑦〜⑰の角の大きさを、計算で求めましょう。
　　　　　　　　　　　　　　　　　　教科書 136 ページ **1**、138 ページ **2**

①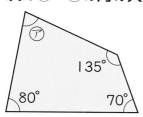
135°　80°　70°　⑦

（　　　　　　　）

② 65°　85°　105°　⑦

（　　　　　　　）

③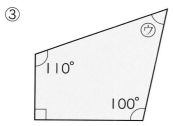
110°　100°　⑦

（　　　　　　　）

④ 95°　125°　75°　⑦

（　　　　　　　）

**よくみて**

⑤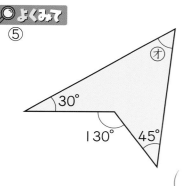
⑦　30°　130°　45°

（　　　　　　　）

⑥ 平行四辺形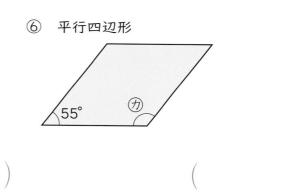
55°　⑦

（　　　　　　　）

**2** 三角定規を重ねてできた、⑦、①の角の大きさを、計算で求めましょう。
　　　　　　　　　　　　　　　　　　教科書 138 ページ **2**

①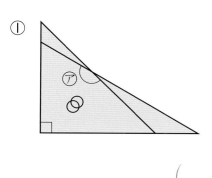
⑦

（　　　　　　　）

②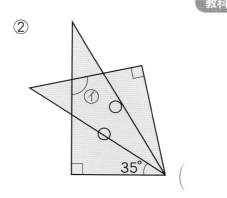
①　35°

（　　　　　　　）

**ヒント**
● ⑤　2つの三角形に分けて考えます。
② 1組の三角定規には、30°、45°、60°、90°の角があります。

55

9 図形の角

③ 多角形の角の大きさの和

教科書　上 139〜141 ページ　　答え　18 ページ

✏️ 次の◯にあてはまる数やことばを書きましょう。

🎯ねらい　五角形、六角形がどんな図形か理解しよう。　　練習 ❶ ❷

🐾 五角形の5つの角の大きさの和

5本の直線で囲まれた図形を、**五角形**といいます。

どんな五角形でも、5つの角の大きさの和は **540**° です。

🐾 六角形の6つの角の大きさの和

6本の直線で囲まれた図形を、**六角形**といいます。

どんな六角形でも、6つの角の大きさの和は **720**° です。

**1** 右の六角形を使って、6つの角の大きさの和が 720° である

ことを、次のように確かめましょう。

解き方　六角形の中に点をとって ◯① つの三角形に分けます。

　三角形 ◯② つ分の角の大きさの和は、

　　◯③ °×◯④ ＝◯⑤ ° です。

　ここから、中の点に集まった角の ◯⑥ ° をひいて、

六角形の6つの角の大きさの和は、◯⑦ ° です。

> 三角形の3つの角の
> 大きさの和（180°）を
> もとにして考えているね。

🎯ねらい　多角形について理解しよう。　　練習 ❸

🐾 多角形

三角形、四角形、五角形、六角形などのように、直線だけで囲まれた図形を、

**多角形**といいます。

🐾 対角線

多角形では、となり合わない頂点を結んだ直線を、**対角線**といいます。

**2** 右の図のような多角形について、角の大きさの和を求めましょう。

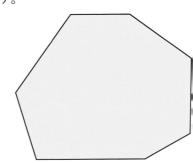

解き方 ❶ ◯① 本の直線で囲まれた図形だから、

◯② 角形です。

❷　1つの頂点から引いた対角線は ◯③ 本です。

❸　1つの頂点から引いた対角線で分けられる三角形の

　数は、◯④ つです。

❹　この多角形の角の大きさの和は、

◯⑤ °×◯⑥ ＝◯⑦ ° です。

ぴったり2
練習

★ できた問題には、「た」をかこう！★
でき ① でき ② でき ③

学習日
月　日

教科書 上 139〜141 ページ 　答え 18 ページ

**1** 次の図と式は、五角形の5つの角の大きさの和の求め方を表しています。
次の □ にあてはまる数を書きましょう。

教科書 139 ページ 1 、141 ページ 2

① 　②　③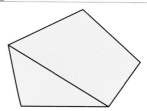

① ㋐ □ ° × ㋑ □ − ㋒ □ °　② ㋐ □ ° × ㋑ □　③ ㋐ □ ° + ㋑ □

**2** 次の㋐、㋑の角の大きさを、計算で求めましょう。

教科書 139 ページ 1 、140 ページ 2

①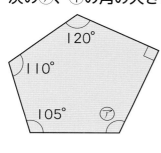

120°
110°
105°　㋐

（　　　　　）

②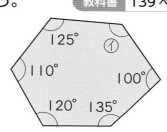

125°　㋑
110°　100°
120°　135°

（　　　　　）

**3** 右の多角形について答えましょう。

教科書 141 ページ

① この多角形の名前を書きましょう。

（　　　　　）

② 1つの頂点から対角線を何本引くことができますか。

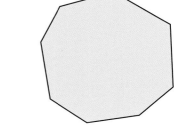

（　　　　　）

③ ②の対角線によって、この多角形はいくつの三角形に分けられますか。

（　　　　　）

④ この多角形の全部の角の大きさの和は、何度ですか。

（　　　　　）

 ヒント
③ ② 1つの頂点から引ける対角線の数は、頂点の数−3 です。
　③ ②の対角線で分けられる三角形の数は、対角線の数＋1 です。

**❾ 図形の角**

時間 **30** 分

／100

合格 **80** 点

教科書 上 132〜144 ページ ｜ 答え 19 ページ

---

知識・技能 ／65点

**❶** 角の大きさの和が次のようになるのは、何角形ですか。次の ◯◯ にあてはまることばを書きましょう。

各5点(15点)

① 角の大きさの和が 360° になるのは、□□□ 形です。

② 角の大きさの和が 540° になるのは、□□□ 形です。

③ 角の大きさの和が 720° になるのは、□□□ 形です。

**❷** 次の ◯◯ にあてはまることばを書きましょう。

□各5点(10点)

三角形や四角形や五角形のように、直線だけで囲まれた図形を ⑦ □□□ といい、そのとなり合わない頂点を結んだ直線を ④ □□□ といいます。

**❸** 次の⑦〜⑤の角の大きさを、計算で求めましょう。

各5点(20点)

① 

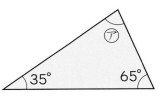

② 二等辺三角形

( 　　　　　 ) 　　　　　 ( 　　　　　 )

③ 

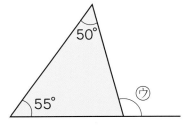

④ 

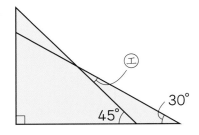

( 　　　　　 ) 　　　　　 ( 　　　　　 )

**4** よく出る 次の㋐～㋓の角の大きさを、計算で求めましょう。　　　各5点(20点)

①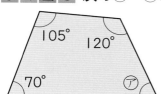
105°　120°
70°　㋐

（　　　　　　　　）

②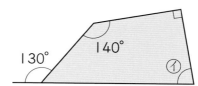
130°　140°　㋑

（　　　　　　　　）

③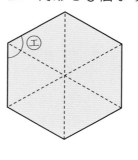
㋒
130°
110°

（　　　　　　　　）

④ 正三角形を6個ならべて作った六角形。

㋓

（　　　　　　　　）

---

思考・判断・表現　　　　／35点

**5** 次の式は、六角形の6つの角の大きさの和の求め方を表しています。①～④の式に合う図を、右の㋐～㋓の中から選びましょう。　　　各5点(20点)

① 180°×2＋360°　　② 180°×4

（　　　　　）　　　（　　　　　）

③ 180°×5－180°　　④ 180°×6－360°

（　　　　　）　　　（　　　　　）

㋐ 　㋑

㋒ 　㋓

**6** 右のような九角形があります。　　　各5点(15点)

① 1つの頂点から対角線を何本引くことができますか。

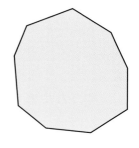

（　　　　　　　　　　　）

② ①の対角線によって、九角形はいくつの三角形に分けられますか。

（　　　　　　　　　　　）

③ 九角形の9つの角の大きさの和は、何度ですか。

（　　　　　　　　　　　）

 ①①がわからないときは、54ページの①にもどって確認してみよう。

ぴったり 1 準備

3分でまとめ

⑩ 単位量あたりの大きさ⑵
速さー(1)

学習日
月　　日

教科書 上 145〜149 ページ　　答え 19 ページ

✏️ 次の ◯◯ にあてはまる数や名まえを書きましょう。

🎯ねらい 速さの比べ方や表し方を理解しよう。　　　　練習 1 2 3 +

🐾 速さの比べ方

　どちらが速いかは、単位道のりあたりの時間や、単位時間あたりの道のりで比べることができます。

🐾 速さの表し方

　速さは、単位時間あたりに進む道のりで表します。

　単位時間のちがいによっていろいろな表し方があります。

　　　時速…1時間あたりに進む道のりで表した速さ。
　　　分速…1分間あたりに進む道のりで表した速さ。
　　　秒速…1秒間あたりに進む道のりで表した速さ。

🐾 速さを求める式

　　速さ＝道のり÷時間

速さも単位量
あたりの大きさ
です。

**1** 次の問いに答えましょう。

(1) 160 km を 4 時間で走ったバイクの速さは、時速何 km ですか。

(2) まさやさんは、750 m を 5 分で走りました。まさやさんが走る速さは、分速何 m ですか。

解き方 速さ＝道のり÷時間 にあてはめて求めます。

(1) ①◯◯ ÷ ②◯◯ ＝ ③◯◯ なので、バイクの速さは、

　　時速 ④◯◯ km です。

| □ km | 160 km |
|---|---|
| 1 時間 | 4 時間 |

(2) ①◯◯ ÷ ②◯◯ ＝ ③◯◯ なので、まさやさんが走る速さは、

　　分速 ④◯◯ m です。

| □ m | 750 m |
|---|---|
| 1 分 | 5 分 |

**2** 480 m を 6 分で歩いたけんとさんと、700 m を 10 分で歩いたゆうたさんとでは、どちらが速いですか。分速で比べましょう。

解き方 求めた速さの値が大きい方が速いといえます。

　けんとさんの分速は、

　　①◯◯ ÷ ②◯◯ ＝ ③◯◯ (m)

　ゆうたさんの分速は、

　　④◯◯ ÷ ⑤◯◯ ＝ ⑥◯◯ (m)

　よって、 ⑦◯◯ さんの方が速いといえます。

| けんとさん | | ゆうたさん | |
|---|---|---|---|
| □ m | 480 m | □ m | 700 m |
| 1 分 | 6 分 | 1 分 | 10 分 |

教科書 上 145〜149 ページ 〉 答え 20 ページ

**1** 右の表は、それぞれの家から学校までの道のりと時間を表したものです。

教科書 146 ページ 1

① えりさんとはなさんでは、どちらが速いですか。

(　　　　　　　　)

**学校までの道のりと時間**

| | 道のり（m） | 時間（分） |
|---|---|---|
| えり | 840 | 15 |
| はな | 720 | 15 |
| ゆか | 720 | 12 |

② はなさんとゆかさんでは、どちらが速いですか。

(　　　　　　　　)

③ えりさんとゆかさんでは、どちらが速いですか。1分間あたりに歩いた道のり（分速）で比べましょう。

(　　　　　　　　)

**2** 次の問いに答えましょう。

教科書 148 ページ 2

① 240 km を3時間で走る列車の速さは、時速何 km ですか。

(　　　　　　　　)

② 960 m を4分間で走るラジコンカーの速さは、分速何 m ですか。

(　　　　　　　　)

③ 540 m を45秒間で飛ぶ鳥の速さは、秒速何 m ですか。

(　　　　　　　　)

**3** 次の問いに答えましょう。

教科書 148 ページ 2

① としのりさんは、80 m を16秒で走ります。まさおさんは、54 m を12秒で走ります。どちらが速いですか。秒速で比べましょう。

(　　　　　　　　)

② 3時間で3450 km 飛ぶ飛行機 A と、2時間で2340 km 飛ぶ飛行機 B とでは、どちらが速いですか。時速で比べましょう。

(　　　　　　　　)

● ヒント　❶ 時間が同じとき、道のりが同じときの速さの比べ方を考えます。

10 単位量あたりの大きさ(2)
# 速さ－(2)

教科書　上 149〜151 ページ　答え　20 ページ

✏ 次の ▢ にあてはまる数を書きましょう。

◎ねらい　時速、分速、秒速の関係を理解しよう。　　　練習 ❶ ❷

🐾 時速、分速、秒速の関係

時速や分速、秒速は、どれかにそろえれば比べることができます。

秒速 ⟵ ×60／÷60 ⟶ 分速 ⟵ ×60／÷60 ⟶ 時速

|秒間あたり　⟷　|分間（60秒間）あたり　⟷　|時間（60分間）あたり

**1**　分速 240 m は秒速何 m ですか。また、時速何 km ですか。

解き方　分速 240 m を、

秒速になおすと、240÷① ▢ ＝② ▢ なので、秒速③ ▢ m です。

時速になおすと、240×④ ▢ ＝⑤ ▢ なので、時速⑥ ▢ m です。

これを km で表すと、時速⑦ ▢ km です。

◎ねらい　速さから、道のりや時間を求めることができるようにしよう。　練習 ❸ ❹

🐾 道のりを求める式
**道のり＝速さ×時間**

🐾 時間を求める式
**時間＝道のり÷速さ**

**2**　時速 60 km で走っている自動車があります。3 時間では、何 km 進みますか。

解き方　道のり＝速さ×時間　の式を使います。

速さは、時速① ▢ km、

時間は、② ▢ 時間です。

進む道のりは、

③ ▢ ×④ ▢ ＝⑤ ▢ なので、⑥ ▢ km です。
　速さ　　　時間

| 道のり | 0 | 60 | □(km) |
| 時間 | 0 | 1 | 3 (時間) |

| 60 km | □ km |
|---|---|
| 1 時間 | 3 時間 |

**3**　分速 70 m で歩く人は、280 m の道のりを進むのに、何分かかりますか。

解き方　時間＝道のり÷速さ　の式を使います。

道のりは、① ▢ m、

速さは、分速② ▢ m です。

かかる時間は、

③ ▢ ÷④ ▢ ＝⑤ ▢ なので、⑥ ▢ 分です。

| 0 | 70 | 280 (m) |
| 0 | 1 | □ (分) |

| 70 m | 280 m |
|---|---|
| 1 分 | □分 |

ぴったり2
練習

★ できた問題には、「た」をかこう！★
でき 1　でき 2　でき 3　でき 4

学習日
月　　日

教科書 上 149〜151 ページ　　答え 20〜21 ページ

**1** 次の問いに答えましょう。　　　　　　　　教科書 149 ページ **3**

① 分速 150 m は秒速何 m ですか。また、時速何 km ですか。

秒速 （　　　　　　　　）　時速 （　　　　　　　　）

② 時速 54 km は分速何 m ですか。また、秒速何 m ですか。

分速 （　　　　　　　　）　秒速 （　　　　　　　　）

**2** 次の㋐〜㋒の中で、もっとも速いのはどれですか。　　教科書 150 ページ ▶

㋐ 時速 21 km で走る犬。

㋑ 分速 320 m で走る自動車。

㋒ 秒速 6 m で走る男子。

（　　　　　　　　）

**3** 次の問いに答えましょう。　　　　　　　　教科書 150 ページ **4**

① 秒速 4 m で走る自転車は、25 秒間に何 m 進みますか。

（　　　　　　　　）

② 分速 65 m で歩く人は、12 分間に何 m 進みますか。

（　　　　　　　　）

**4** 次の問いに答えましょう。　　　　　　　　教科書 151 ページ ▶

① 分速 750 m で走るオートバイは、4500 m 進むのに、何分かかりますか。

（　　　　　　　　）

② 時速 48 km で走る自動車は、240 km 進むのに、何時間かかりますか。

（　　　　　　　　）

**！まちがい注意**

③ 秒速 25 m で走る電車は、6 km 進むのに、何分かかりますか。

（　　　　　　　　）

ヒント　❹ ③　6km＝6000 m。何秒かかるか求めて、何分かになおすか、
秒速 25 m を分速になおして、何分かかるかを求めます。

**⑩ 単位量あたりの大きさ⑵**

時間 **30** 分

／100

合格 **80** 点

教科書 上 145〜154 ページ ▶答え 21 ページ

知識・技能 ／76点

**1** よく出る 次の問いに答えましょう。 各5点(10点)

① 3時間で 135 km 進む自動車の速さは、時速何 km ですか。

( )

② 520 m を 8 分で歩く人の速さは、分速何 m ですか。

( )

**2** りょうさんは 60 m 走るのに 8 秒かかり、しゅんさんは 36 m 走るのに 5 秒かかりました。次の問いに答えましょう。 各5点(10点)

① りょうさんは、秒速何 m で走りましたか。

( )

② どちらが速く走りましたか。

( )

**3** 次の表のあいているところをうめましょう。 各5点(30点)

| | 時速 | 分速 | 秒速 |
|---|---|---|---|
| 電車 | ㋐ | 1.2 km | ㋑ |
| モーターボート | 90 km | ㋒ | ㋓ |
| 飛行機 | ㋔ | ㋕ | 240 m |

**4** 秒速 30 m で走るチーターと、時速 102 km で走る列車とでは、どちらが速いですか。 (6点)

( )

64

**5** 次の問いに答えましょう。　　　　　　　　　　　　　　　　　　　各5点(20点)

① 秒速 12.5 m で飛ぶドローンは、40 秒間では、何 m 飛びますか。

（　　　　　　）

② 時速 120 km で進む電車は、600 km 進むのに、何時間かかりますか。

（　　　　　　）

③ 分速 80 m で歩く人は、1.8 km 歩くのに、何分何秒かかりますか。

（　　　　　　）

④ 時速 54 km で走っている自動車が、トンネルを通るのに 5 分かかりました。
自動車の長さは考えないものとすると、このトンネルの長さは、何 m ですか。

（　　　　　　）

---

思考・判断・表現　　　　　　　　　　　　　　　　　　　　　　　／24点

**6** 2800 m はなれたＡ地点とＢ地点があります。まさしさんはＡ地点からＢ地点に向かって、えりかさんはＢ地点からＡ地点に向かって同時に歩き始めました。まさしさんは分速 90 m で、えりかさんは分速 85 m で歩きます。　　　　　　　　　　各6点(12点)

① 2 人が歩いた道のりの和は、1 分間に何 m ずつ増えますか。

（　　　　　　）

② 2 人が出会うのは、2 人が同時に歩き始めてから何分後ですか。

（　　　　　　）

**できたらスゴイ！**

**7** 気温 0℃ のときの音の速さは秒速 331 m で、気温が 1℃ 上がるごとに、音の速さは秒速 0.6 m ずつ速くなります。　　　　　　　　　　　　　　　　各6点(12点)

① 気温が 15℃ のときの音の速さは、秒速何 m ですか。

（　　　　　　）

② かすみさんがまどから外を見ていると、いなずまが光り、その 8 秒後にかみなりが落ちる音がしました。かみなりが落ちたのは、かすみさんがいる場所から 2816 m はなれた場所です。このとき、気温は何 ℃ だったと考えられますか。

（　　　　　　）

**ふりかえり** 🐱 ❶がわからないときは、60 ページの❶にもどって確認してみよう。

ぴったり1

準備

3分でまとめ

学習日　　月　　日

11 分数のたし算とひき算

① 大きさの等しい分数

教科書　下 2〜9 ページ　　答え　22 ページ

次の ☐ にあてはまる数や記号、ことばを書きましょう。

**◎ねらい** 約分のしかたを理解しよう。　　　　　　　　　**練習 ①②**

**🐾 大きさの等しい分数**

分数の分母と分子に同じ数をかけても、分母と分子を
同じ数でわっても、分数の大きさは変わりません。

$$\frac{▲}{●} = \frac{▲×■}{●×■} \qquad \frac{▲}{●} = \frac{▲÷■}{●÷■}$$

**🐾 約分**

分数の分母と分子を、その公約数でわって、分母の小さい分数になおすことを、**約分**すると
いいます。約分するときは、ふつう、分母と分子の数がもっとも小さくなるまで約分します。

**1** $\frac{16}{24}$ を約分しましょう。

**解き方** 分母と分子の $①\boxed{\phantom{aaaaa}}$ で約分すると、１回で約分できます。

16 と 24 の最大公約数は $②\boxed{\phantom{a}}$ だから、$③\boxed{\phantom{a}}$ で分母と分子をわります。

$$\frac{16}{24} = \frac{16÷④\boxed{\phantom{a}}}{24÷⑤\boxed{\phantom{a}}} = \frac{⑥\boxed{\phantom{a}}}{⑦\boxed{\phantom{a}}}$$

**◎ねらい** 大きさの等しい分数を作れるようにしよう。　　　　**練習 ①③④**

**🐾 通分**

いくつかの分数を、それぞれの大きさを変えないで、共通な分母になおすことを、**通分**する
といいます。

**2** $\frac{3}{4}$ と $\frac{2}{5}$ を通分して、大小を比べましょう。

**解き方** 分母がちがう分数は、通分すると、大きさを比べることができます。

$\frac{3}{4}$ と大きさの等しい分数、$\frac{2}{5}$ と大きさの等しい分数を、それぞれ作ってみます。

$$\frac{3}{4} = \frac{①\boxed{\phantom{a}}}{8}^{3×2} = \frac{②\boxed{\phantom{a}}}{12}^{3×3} = \frac{③\boxed{\phantom{a}}}{16}^{3×4} = \frac{④\boxed{\phantom{a}}}{20}^{3×5} = \cdots$$

$$\frac{2}{5} = \frac{⑤\boxed{\phantom{a}}}{10}^{2×2} = \frac{⑥\boxed{\phantom{a}}}{15}^{2×3} = \frac{⑦\boxed{\phantom{a}}}{20}^{2×4} = \frac{⑧\boxed{\phantom{a}}}{25}^{2×5} = \cdots$$

$$\frac{3}{4} = \frac{⑨\boxed{\phantom{a}}}{20}、\ \frac{2}{5} = \frac{⑩\boxed{\phantom{a}}}{20} \ なので、\ \frac{3}{4} \ ⑪\boxed{\phantom{a}} \ \frac{2}{5}$$

通分するときは、
ふつう最小公倍数を
分母にするよ。

**練習**

★ できた問題には、「た」をかこう！★

でき① でき② でき③ でき④

教科書 下2〜9ページ　　答え 22ページ

**1** 次の分数と等しい大きさの分数を3つずつ書きましょう。

教科書 4ページ❷

① $\dfrac{2}{5} = \dfrac{4}{⑦} = \dfrac{①}{15} = \dfrac{8}{⑦}$

② $\dfrac{6}{42} = \dfrac{3}{⑦} = \dfrac{①}{14} = \dfrac{1}{⑦}$

**2** 次の分数を約分しましょう。

教科書 7ページ❸

① $\dfrac{8}{12}$

② $\dfrac{48}{64}$

(　　　　　)　　　　　(　　　　　)

③ $\dfrac{10}{18}$

④ $2\dfrac{16}{56}$

(　　　　　)　　　　　(　　　　　)

**3** 次の組の分数を通分して、□に不等号を書きましょう。

教科書 8ページ❹

① $\dfrac{1}{5}\ \square\ \dfrac{2}{15}$

② $\dfrac{2}{3}\ \square\ \dfrac{3}{4}$

③ $\dfrac{5}{6}\ \square\ \dfrac{7}{9}$

④ $\dfrac{7}{15}\ \square\ \dfrac{5}{9}$

**4** 次の数を通分して、大小を比べましょう。

教科書 9ページ❺

① $\left(1\dfrac{5}{6},\ \dfrac{7}{4}\right)$

② $\left(\dfrac{1}{2},\ \dfrac{2}{3},\ \dfrac{3}{5}\right)$

小さい方から順に

(　　　　　)　　　　　(　　　　　)

ヒント　④ ① 仮分数か、帯分数にそろえて考えます。

67

✏️ 次の ◻ にあてはまる数を書きましょう。

🎯 ねらい　分母のちがう分数のたし算ができるようにしよう。　練習 ① ②

🐾 真分数のたし算

　分母のちがう分数のたし算は、通分して同じ分母の分数になおすと計算できます。

　答えが約分できるときは、できるだけかんたんな分数になおします。

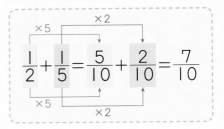

$$\frac{1}{2}+\frac{1}{5}=\frac{5}{10}+\frac{2}{10}=\frac{7}{10}$$

**1** 次の計算をしましょう。

(1) $\frac{1}{2}+\frac{1}{6}$　　　　　　　　(2) $\frac{1}{3}+\frac{3}{4}$

解き方　通分して同じ分母になおして計算します。

(1) $\frac{1}{2}+\frac{1}{6}=\dfrac{\boxed{①}}{6}+\frac{1}{6}$

$=\dfrac{\boxed{②}}{6}=\dfrac{\boxed{③}}{\boxed{④}}$

通分してから、分子どうしをたせばいいね。答えが仮分数になったときは、帯分数になおしておこう。

(2) $\frac{1}{3}+\frac{3}{4}=\dfrac{\boxed{①}}{12}+\dfrac{\boxed{②}}{12}$

$=\dfrac{\boxed{③}}{12}=\boxed{④}\dfrac{\boxed{⑤}}{12}$

🎯 ねらい　帯分数のたし算ができるようにしよう。　練習 ③

🐾 帯分数のたし算

　帯分数を整数と真分数に分けて、整数どうし、真分数どうしをたします。

$$1\frac{1}{3}+1\frac{1}{4}=1\frac{4}{12}+1\frac{3}{12}=2\frac{7}{12}$$

**2** $1\frac{5}{6}+2\frac{1}{3}$ を計算しましょう。

解き方　整数どうし、真分数どうしをたします。

$1\frac{5}{6}+2\frac{1}{3}=1\frac{5}{6}+2\dfrac{\boxed{①}}{6}=\boxed{②}\dfrac{\phantom{0}}{6}=\boxed{④}\dfrac{\boxed{⑤}}{6}$

整数部分に 1 くり上げる。

📖 教科書 下 10〜12 ページ　　🔲 答え 22〜23 ページ

**1** 次の計算をしましょう。

教科書 10 ページ **1**

① $\dfrac{5}{6} + \dfrac{1}{8}$

② $\dfrac{3}{10} + \dfrac{7}{15}$

③ $\dfrac{3}{8} + \dfrac{1}{4}$

④ $\dfrac{2}{5} + \dfrac{1}{6}$

⑤ $\dfrac{1}{6} + \dfrac{7}{12}$

⑥ $\dfrac{1}{15} + \dfrac{5}{6}$

答えが約分できる
ときは、約分して
おくんだね。

**2** 次の計算をしましょう。

教科書 11 ページ ▶

① $\dfrac{2}{3} + \dfrac{2}{5}$

② $\dfrac{5}{6} + \dfrac{6}{7}$

③ $\dfrac{3}{4} + \dfrac{5}{6}$

④ $\dfrac{9}{10} + \dfrac{4}{15}$

答えは帯分数に
なおしておこう。

**3** 次の計算をしましょう。

教科書 12 ページ ▶

① $1\dfrac{2}{7} + 2\dfrac{1}{3}$

② $2\dfrac{1}{6} + 1\dfrac{3}{4}$

③ $1\dfrac{7}{10} + 1\dfrac{1}{6}$

④ $1\dfrac{1}{12} + 2\dfrac{7}{15}$

⑤ $1\dfrac{3}{4} + 1\dfrac{5}{8}$

⑥ $1\dfrac{7}{12} + 2\dfrac{2}{3}$

ヒント　❶❷❸「通分する → たし算をする → 約分する → 仮分数を帯分
数にする」という手順で計算するとよいです。

69

教科書 下 13〜16 ページ ⊟ 答え 23 ページ

✏️ 次の ☐ にあてはまる数を書きましょう。

🎯**ねらい** 分母のちがう分数のひき算ができるようにしよう。 　練習 ❶ ❸

🐾 **真分数のひき算**

　分母のちがう分数のひき算も、通分して同じ分母の分数になおすと計算できます。

　答えが約分できるときは、できるだけかんたんな分数になおします。

$$\frac{1}{2} - \frac{2}{5} = \frac{5}{10} - \frac{4}{10} = \frac{1}{10}$$

🐾 **仮分数－真分数の計算**

　通分すれば同じように計算できます。

$$\frac{5}{4} - \frac{4}{5} = \frac{25}{20} - \frac{16}{20} = \frac{9}{20}$$

**1** $\frac{7}{9} - \frac{5}{18}$ の計算をしましょう。

**解き方** 通分して同じ分母になおして計算します。

$$\frac{7}{9} - \frac{5}{18} = \frac{①}{18} - \frac{5}{18}$$

$$= \frac{②}{18} = \frac{③}{④}$$

通分してから、分子どうしのひき算をすればいいね。

🎯**ねらい** 帯分数のひき算ができるようにしよう。 　練習 ❷ ❹

🐾 **帯分数のひき算**

　2通りの計算のしかたがあります。

⭐帯分数を仮分数になおして計算します。

⭐整数どうし、真分数どうしを計算します。

　真分数どうしのひき算ができないときは、整数部分から1くり下げます。

**2** $3\frac{1}{3} - 1\frac{3}{4}$ の計算をしましょう。

**解き方**

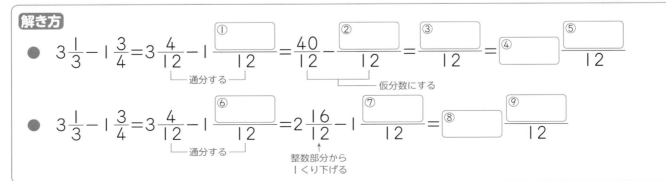

- $3\frac{1}{3} - 1\frac{3}{4} = 3\frac{4}{12} - 1\frac{①}{12} = \frac{40}{12} - \frac{②}{12} = \frac{③}{12} = \boxed{④}\frac{⑤}{12}$

　　　　└─ 通分する ─┘　　　└─── 仮分数にする ───┘

- $3\frac{1}{3} - 1\frac{3}{4} = 3\frac{4}{12} - 1\frac{⑥}{12} = 2\frac{16}{12} - 1\frac{⑦}{12} = \boxed{⑧}\frac{⑨}{12}$

　　　　└─ 通分する ─┘　　整数部分から1くり下げる

📖 教科書 下 13～16 ページ　✏ 答え 23～24 ページ

**1** 次の計算をしましょう。 教科書 13 ページ 1

① $\dfrac{7}{8} - \dfrac{2}{3}$

② $\dfrac{8}{9} - \dfrac{5}{6}$

③ $\dfrac{1}{2} - \dfrac{1}{6}$

④ $\dfrac{5}{6} - \dfrac{2}{15}$

⑤ $\dfrac{7}{5} - \dfrac{13}{20}$

⑥ $\dfrac{13}{12} - \dfrac{5}{8}$

**2** 次の計算をしましょう。 教科書 14 ページ 2

① $4\dfrac{5}{9} - 1\dfrac{3}{18}$

② $5\dfrac{11}{12} - 3\dfrac{1}{6}$

③ $2\dfrac{1}{2} - 1\dfrac{5}{7}$

④ $3\dfrac{1}{6} - 1\dfrac{7}{10}$

**3** 次の計算をしましょう。 教科書 16 ページ 3

① $\dfrac{1}{2} + \dfrac{3}{4} - \dfrac{1}{3}$

② $\dfrac{5}{6} - \dfrac{1}{5} - \dfrac{1}{2}$

**4** $2\dfrac{1}{3}$ kg のさとうがありました。きのうは $\dfrac{9}{8}$ kg 使い、今日は $\dfrac{13}{12}$ kg 使いました。

残りは何 kg ですか。 教科書 16 ページ 3

（　　　　　　　　　）

ヒント ❷ 真分数どうしのひき算ができないときは、仮分数にするか、
整数部分から1くり下げて計算します。

71

ぴったり3

確かめのテスト

⑪ 分数のたし算とひき算

時間 30 分

／100

合格 80 点

教科書　下 2〜19 ページ　　答え　24 ページ

知識・技能　　　　　　　　　　　　　　　　　　　　　／64点

**1** よく出る 次の分数を約分しましょう。　　　　　　　各4点（8点）

① $\dfrac{6}{8}$

② $\dfrac{12}{60}$

$\Big($　　　　$\Big)$　　　　$\Big($　　　　$\Big)$

**2** 次の組の分数を通分して、□に不等号を書きましょう。　各4点（8点）

① $\dfrac{2}{3}$ □ $\dfrac{4}{7}$

② $\dfrac{5}{6}$ □ $\dfrac{7}{8}$

**3** よく出る 次の計算をしましょう。　　　　　　　　各4点（24点）

① $\dfrac{5}{8}+\dfrac{1}{6}$

② $\dfrac{5}{6}+\dfrac{3}{10}$

③ $\dfrac{5}{6}+\dfrac{4}{15}$

④ $\dfrac{5}{6}-\dfrac{4}{9}$

⑤ $\dfrac{7}{4}-\dfrac{5}{6}$

⑥ $\dfrac{2}{3}-\dfrac{5}{12}$

**4** よく出る 次の計算をしましょう。　　　　　　　　各4点（16点）

① $1\dfrac{1}{2}+2\dfrac{5}{8}$

② $4\dfrac{11}{14}+2\dfrac{5}{7}$

③ $6\dfrac{3}{4}-3\dfrac{2}{5}$

④ $3\dfrac{5}{8}-1\dfrac{5}{6}$

**5** 次の計算をしましょう。　　　　　　　　　　　　　　　　　　　各4点(8点)

① $\dfrac{5}{6} - \dfrac{1}{2} + \dfrac{4}{9}$

② $\dfrac{8}{15} + \dfrac{7}{10} - \dfrac{5}{6}$

思考・判断・表現　　　　　　　　　　　　　　　　　　　　　　　／36点

**6** トマトジュースが $\dfrac{5}{8}$ L、牛にゅうが $\dfrac{7}{10}$ L あります。このとき、次の問いに答えましょう。

式・答え 各4点(16点)

① どちらが何 L 多いですか。

式

答え （　　　　　　　　　　　）

② 全部で何 L ありますか。

式

答え （　　　　　　　　　　　）

**7** ゆうとさんは、公園へ行きます。今、家から $4\dfrac{1}{3}$ km のところまで来ました。あと、$\dfrac{4}{9}$ km で公園へ着きます。

家から公園までの道のりは何 km ありますか。　　　　　　式・答え 各5点(10点)

式

答え （　　　　　　　　　　　）

**8** $\dfrac{5}{8}$ kg のかごに、りんごを入れて重さを量ったら $3\dfrac{1}{6}$ kg ありました。

りんごだけの重さは何 kg ですか。　　　　　　　　　　式・答え 各5点(10点)

式

答え （　　　　　　　　　　　）

ふりかえり　❶ がわからないときは、66 ページの ❶ にもどって確認してみよう。

付録の「計算せんもんドリル」 18 ～ 32 もやってみよう！

# ぴったり① 準備

**12** 分数と小数・整数

## ① わり算の商と分数

教科書　下 20〜24 ページ　　答え　25 ページ

✎ 次の □ にあてはまる数を書きましょう。

🎯 ねらい　商を分数で表せるようにしよう。　　　練習 ① ② ③

### 🐾 わり算の商と分数

整数どうしのわり算の商は、わる数を分母、わられる数を分子として、分数で表すことができます。

**1** 4 m のリボンを 3 等分すると、1 本分の長さは何 m ですか。

(1) 式を書きましょう。　　　　　　　(2) 1 本分の長さを求めましょう。

**解き方** (1) 1 本あたりの長さは、全体の長さ÷いくつ分 で表せるから、式は 4 ÷ □

(2) 1 m を 3 等分したときの 1 本分は、① □ m だから、4 m を 3 等分したときは、その ② □ つ分で ③ □ m になります。

答え ④ □ m

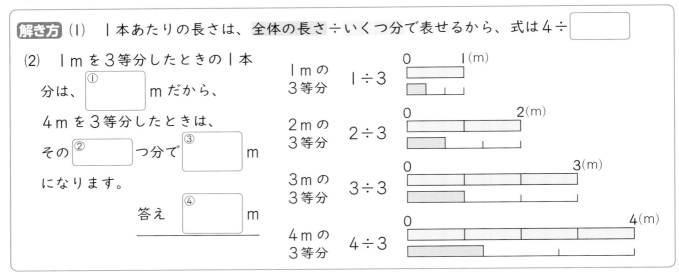

1 m の 3 等分　1÷3

2 m の 3 等分　2÷3

3 m の 3 等分　3÷3

4 m の 3 等分　4÷3

🎯 ねらい　分数で何倍かを表せるようにしよう。　　　練習 ④

### 🐾 分数倍

$\frac{4}{3}$ 倍や $\frac{2}{3}$ 倍のように、分数で何倍かを表すこともできます。

**2** 右のような長さのリボンがあります。

(1) 赤のリボンの長さは、緑のリボンの長さの何倍ですか。

(2) 青のリボンの長さは、緑のリボンの長さの何倍ですか。

リボンの長さ

| 色 | 長さ（m） |
|---|---|
| 赤 | 9 |
| 緑 | 7 |
| 青 | 5 |

**解き方**

| 緑 | 赤 |
|---|---|
| 7 m | 9 m |
| 1 | □倍 |

7×□＝9

| 緑 | 青 |
|---|---|
| 7 m | 5 m |
| 1 | □倍 |

7×□＝5

(1) ① □ ÷ ② □ ＝ ③ □

答え ④ □ 倍

(2) ① □ ÷ ② □ ＝ ③ □

答え ④ □ 倍

かけ算の式をつくると考えやすいね。

教科書　下 20〜24 ページ　　答え　25 ページ

**①** 次の計算について、あとの問いに答えましょう。

教科書　21 ページ **1**

$3 \div 1 =$ ⓐ ☐　　$3 \div 2 =$ ⓘ ☐　　$3 \div 3 =$ ⓤ ☐　　$3 \div 4 =$ ⓔ ☐

$3 \div 5 =$ ⓞ ☐　　$3 \div 6 =$ ⓚ ☐　　$3 \div 7 =$ ⓜ ☐　　$3 \div 8 =$ ⓰ ☐

① 上の計算をしましょう。答えは整数や小数で答えましょう。

② 上の式を次の3つの仲間に分けましょう。

　⑦　わり切れて商が整数で表せる。　　　　　　（　　　　　　　　　　　　）

　⑦　わり切れて商が小数で表せる。

　　　　　　　　　　　　　　　　　　（　　　　　　　　　　　　）

　⑦　わり切れない。　　　　　　　　　　　　（　　　　　　　　　　）

**②** 次の商を分数で表しましょう。

教科書　22 ページ **2**

①　$1 \div 5$　　　　　　（　　　　　）　　②　$3 \div 10$　　　　（　　　　　）

③　$11 \div 14$　　　　（　　　　　）　　④　$7 \div 4$　　　　　（　　　　　）

**③** 次の ☐ にあてはまる数を書きましょう。

教科書　22 ページ **3**

①　$3 \div \boxed{\phantom{0}} = \dfrac{3}{8}$　　　　　　②　$\boxed{\phantom{0}} \div 9 = \dfrac{5}{9}$

③　$\boxed{\phantom{0}} \div \boxed{\phantom{0}} = \dfrac{11}{6}$

**④** 水そうに 11 L、バケツに 3L の水が入っています。

教科書　23 ページ **2**

① バケツには、水そうの何倍の水が入っていますか。

　　　　　　　　　　　　　　　　　　　　　（　　　　　　　　　　　）

② 水そうには、バケツの何倍の水が入っていますか。

　　　　　　　　　　　　　　　　　　　　　（　　　　　　　　　　　）

ヒント　**②** わる数を分母、わられる数を分子として、分数で表します。
　　　　**③** ③　いろいろな数が入れられます。

75

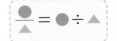
✏️ 次の ☐ にあてはまる数を書きましょう。

🎯ねらい　分数と小数・整数の関係を理解しよう。　　練習 ① ② ③ ④

🐾 分数から小数・整数

分数の、分子を分母でわると、小数や整数で表せることがあります。

$$\frac{\bullet}{\blacktriangle} = \bullet \div \blacktriangle$$

🐾 小数から分数

小数は、$\frac{1}{10}$ や $\frac{1}{100}$ などの分数を単位にすると、分数で表すことができます。

🐾 整数と分数

整数は、分母を1、2、3、4など、どんな整数に決めても、分数で表すことができます。

**1** (1) $\frac{3}{4}$ を小数で表しましょう。

(2) 0.17　(3) 3　をそれぞれ分数で表しましょう。

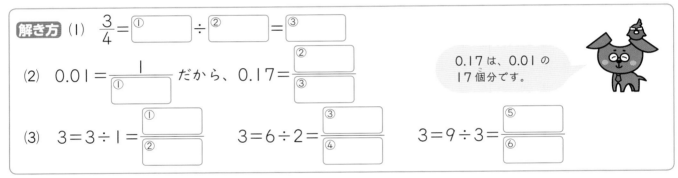

解き方 (1) $\frac{3}{4} = $ ① ☐ $\div$ ② ☐ $=$ ③ ☐

(2) $0.01 = \dfrac{1}{①☐}$ だから、$0.17 = \dfrac{②☐}{③☐}$

0.17は、0.01の
17個分です。

(3) $3 = 3 \div 1 = \dfrac{①☐}{②☐}$　　$3 = 6 \div 2 = \dfrac{③☐}{④☐}$　　$3 = 9 \div 3 = \dfrac{⑤☐}{⑥☐}$

🎯ねらい　整数、小数、分数の大きさの比べ方を理解しよう。　　練習 ⑤

🐾 整数、小数、分数の大きさ

整数、小数、分数は、どれも、1つの数直線の上に表すことができるので、大きさも比べられます。また、数を分数か小数にそろえても、大きさを比べられます。

**2** 次の数を、小さい方から順にならべましょう。

1.2　　$\frac{1}{3}$　　1　　0.3　　$\frac{7}{6}$

解き方 1つの数直線の上に表して、大きさを比べます。

分数は、小数になおすと、大きさの見当がつけやすくなります。

$\dfrac{1}{3} = 1 \div 3 = 0.333\cdots$ →約0.33　　$\dfrac{7}{6} = \dfrac{①☐}{} \div \dfrac{②☐}{} = ③☐$ →約 ④☐

小数第三位を
四捨五入

答え　0.3、⑤ ☐ 、1、⑥ ☐ 、1.2

教科書　下 25〜28 ページ　　答え　25 ページ

**1** 次の分数を、小数や整数で表しましょう。

教科書　25 ページ **1**

① $\dfrac{31}{100}$

② $\dfrac{9}{3}$

③ $1\dfrac{2}{5}$

(　　　　　)　　　(　　　　　)　　　(　　　　　)

**2** 次の小数を分数で表しましょう。

教科書　26 ページ **2**

① 0.9

② 1.39

(　　　　　)　　　　　　　　　(　　　　　)

**3** 次の □ にあてはまる数を書きましょう。

教科書　26 ページ ▶

① $4=\dfrac{\boxed{ア\ }}{1}=\dfrac{\boxed{イ\ }}{2}=\dfrac{\boxed{ウ\ }}{3}$

② $8=\dfrac{\boxed{ア\ }}{1}=\dfrac{\boxed{イ\ }}{2}=\dfrac{\boxed{ウ\ }}{3}$

**4** 次の □ にあてはまる小数や分数を書きましょう。

教科書　27 ページ ▶

小数　0　　[あ]　　　0.8　1　1.2　　　[え]　　　2

分数　0　$\dfrac{1}{5}$　$\dfrac{2}{5}$　[い]　1　[う]　$1\dfrac{3}{5}$　2

**5** 次の数を、小さい方から順にならべましょう。

教科書　28 ページ **3**

① 0.7　　1.2　　$\dfrac{4}{4}$　　$\dfrac{3}{5}$　　$1\dfrac{1}{8}$

(　　　　　　　　　　)

② $1\dfrac{1}{2}$　　1.8　　$\dfrac{7}{3}$　　2.1　　$1\dfrac{9}{20}$

(　　　　　　　　　　)

ヒント　**5** 小数と分数が混じっているので、分数を小数や整数になおすと、大きさが比べやすくなります。

77

ぴったり3
確かめのテスト。

⑫ 分数と小数・整数

時間 30 分

／100

合格 80 点

教科書　下 20〜31 ページ　答え　26 ページ

知識・技能　　　　　　　　　　　　　　　　　　　　　　　　　　　　　　／75点

**1** 次のわり算の商を、できるだけかんたんな分数で表しましょう。　各5点(20点)

① $3 \div 8$

② $5 \div 15$

(　　　　　)　　　　　　　　　　　　　　(　　　　　)

③ $24 \div 9$

④ $36 \div 5$

(　　　　　)　　　　　　　　　　　　　　(　　　　　)

**2** 次の分数を、小数や整数で表しましょう。　各5点(20点)

① $\dfrac{13}{50}$

② $\dfrac{20}{4}$

(　　　　　)　　　　　　　　　　　　　　(　　　　　)

③ $\dfrac{7}{4}$

④ $2\dfrac{4}{5}$

(　　　　　)　　　　　　　　　　　　　　(　　　　　)

**3** 次の小数を、分数で表しましょう。　各5点(15点)

① $0.8$　　　　　　　② $0.27$　　　　　　　③ $1.35$

(　　　　　)　　　　(　　　　　)　　　　(　　　　　)

**4** 次の □ にあてはまる等号か不等号を書きましょう。　各5点(20点)

① $\dfrac{5}{7}$ □ $0.7$

② $1\dfrac{5}{6}$ □ $1.85$

③ $2.25$ □ $2\dfrac{1}{4}$

④ $3.3$ □ $3\dfrac{1}{3}$

思考・判断・表現　　　　　　　　　　　　　　　　　　　　　　　　／25点

**5** 赤、緑、青のリボンがあります。赤のリボンの長さは7m、緑のリボンの長さは4m、青の
リボンの長さは3mです。
各5点（15点）

① 緑のリボンの長さは、赤のリボンの長さの何倍ですか。

（　　　　　　　）

② 青のリボンの長さは、赤のリボンの長さの何倍ですか。

（　　　　　　　）

③ 緑のリボンの長さは、青のリボンの長さの何倍ですか。

（　　　　　　　）

**できたらスゴイ！**

**6** 次の数を、小さい方から順にならべましょう。
各5点（10点）

① $\frac{2}{3}$　　$\frac{3}{5}$　　0.7　　$\frac{3}{4}$

（　　　　　　　）

② $\frac{3}{8}$　　0.49　　$\frac{5}{12}$　　$\frac{1}{2}$

（　　　　　　　）

**はってん** 同じ数字が続く小数　　　　　　　　　　　　　**教科書** 下27ページ

**1** 次の分数を小数で表しましょう。

① $\frac{1}{3} = 1 \div$ ⑦[　　] $=$ ⑦[　　]

② $\frac{1}{9} = 1 \div$ ⑦[　　] $=$ ⑦[　　]

◀ $3\overline{)1.0}$ の筆算
0.3 3…
9
1 0
9
1 0
⋮

◀ **1**の結果を利用しましょう。

**2** 同じ数字が続く小数を、分数で表しましょう。

① $0.44\cdots = 0.33\cdots + 0.11\cdots =$ ⑦[　　] $+$ ⑦[　　] $=$ ⑨[　　]

② $0.55\cdots = 0.44\cdots + 0.11\cdots =$ ⑦[　　] $+$ ⑦[　　] $=$ ⑨[　　]

③ $0.66\cdots = 0.33\cdots + 0.33\cdots =$ ⑦[　　] $+$ ⑦[　　] $=$ ⑨[　　]

◀ 0.22…、0.77…、0.88…はどんな分数で表されますか。また、0.99…はどうでしょうか。

**ふりかえり** ❶がわからないときは、74ページの❶にもどって確認してみよう。

教科書 下 32〜38 ページ　答え 27 ページ

✏️ 次の□にあてはまる数やことばを書きましょう。

🎯ねらい　割合の意味と求め方を理解しよう。　　　練習 ❶❷❸❹

🐾割合

もとにする量を1として、比べられる量がいくつにあたるかを表した数を**割合**といいます。

**割合＝比べられる量÷もとにする量**

特に、比べられる量ともとにする量が整数のときは、割合＝$\dfrac{比べられる量}{もとにする量}$ と表すことがで

きます。

**1** サッカークラブで、シュートの練習をしました。右の表は、その記録です。だれがいちばんシュートの成績がよいといえますか。

シュートした数と入った数

| | シュートした数(回) | 入った数(回) |
|---|---|---|
| こうた | 25 | 15 |
| ひでき | 25 | 13 |
| まさと | 20 | 13 |

**解き方** シュートの成績は、次の式で表すことができます。

$\dfrac{入った数}{シュートした数}$ ← 比べられる量
← もとにする量

こうた $\dfrac{①\boxed{\phantom{00}}}{②\boxed{\phantom{00}}}=③\boxed{\phantom{00}}$　　ひでき $\dfrac{13}{25}$　　まさと $\dfrac{④\boxed{\phantom{00}}}{⑤\boxed{\phantom{00}}}=⑥\boxed{\phantom{00}}$

分母が同じときは、分子が⑦□い方が成績がよいといえます。

分子が同じときは、分母が⑧□い方が成績がよいといえます。

いちばんシュートの成績がよいといえるのは、⑨□さんです。

分母が同じか、分子が同じときの比べ方だよ。

**2** 右の表は、ある会館の2つのホールの定員と、今日の参加者数を調べたものです。どちらがこんでいるといえますか。

2つのホールの定員と参加者数

| | 定員(人) | 参加者数(人) |
|---|---|---|
| 小ホール | 420 | 378 |
| 大ホール | 900 | 792 |

**解き方** こみぐあいは、定員を1としたとき、参加者数がいくつにあたるかで表すことができます。

小ホールのこみぐあい

$378÷420=①\boxed{\phantom{00}}$

大ホールのこみぐあい

$②\boxed{\phantom{00}}÷③\boxed{\phantom{00}}=④\boxed{\phantom{00}}$

⑤□ホールの方がこんでいるといえます。

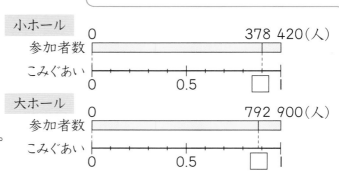

小ホール

| 0 | | 378 420(人) |

参加者数

こみぐあい

| 0 | 0.5 | □ 1 |

大ホール

| 0 | | 792 900(人) |

参加者数

こみぐあい

| 0 | 0.5 | □ 1 |

ぴったり2
練習

★ できた問題には、「た」をかこう！ ★
でき 1　でき 2　でき 3　でき 4

学習日
月　　日

教科書　下 32〜38 ページ　　答え　27 ページ

**1** バスケットボールの試合で、えみさんたちのシュートの
記録を数で表したら、右のような表になりました。
だれがいちばんシュートの成績がよいといえますか。

教科書 33 ページ **1**

**シュートした数と入った数**

| | シュートした数(回) | 入った数(回) |
|---|---|---|
| えみ | 8 | 3 |
| たえ | 8 | 2 |
| ゆい | 5 | 2 |

（　　　　　　　）

**2** 右の表は、⑦と⑦のレストランの座席数とある夕食時間の
客数を調べたものです。
⑦と⑦では、どちらのレストランがこんでいるといえますか。

教科書 36 ページ **2**

**レストランのこみぐあい**

| | 座席数(席) | 客数(人) |
|---|---|---|
| ⑦ | 140 | 112 |
| ⑦ | 120 | 102 |

（　　　　　　　）

**3** 次の割合を求めましょう。

教科書 38 ページ ▶

① バスケットボールの試合で、12 回シュートして 3 回入ったときの、入った割合。

（　　　　　　　）

② 8 本ひいたくじが全部はずれだったときの、当たった割合。

（　　　　　　　）

③ 15 題の計算問題のうち 15 題とも正答だったときの、正答の割合。

（　　　　　　　）

④ クラスの 20 人のうち 4 人が欠席したときの、出席した割合。

（　　　　　　　）

**4** 子ども会のハイキングに参加した人数は 85 人で、そのうち、小学生は 51 人です。
参加した人数をもとにして、小学生の人数の割合を求めましょう。

教科書 38 ページ ▶

（　　　　　　　）

ヒント　**2 3 4** 割合を求める公式を使うときは、はじめに比べられる量と
もとにする量を正しく見つけましょう。

# ぴったり1 準備

## 13 割合(1) わりあい
## ② 百分率と歩合 ひゃくぶんりつ

教科書　下 39〜42 ページ　答え　27 ページ

✏️ 次の □ にあてはまる数やことばを書きましょう。

🎯 **ねらい** 百分率の意味と表し方を理解しよう。 りかい 　　　　練習 ❶❷❹

🐾 **百分率**

　もとにする量を 100 としたときの比べられる量がいくつになるかで、くら
割合を表すことがあります。この表し方を**百分率**といいます。

　百分率では、小数で表された割合の 0.01 を 1% と書き、1 パーセント
と読みます。

　割合 1 を百分率で表すと、100% です。

**1** 次の割合を、小数は百分率で、百分率は小数で表しましょう。

(1) 0.12　　　　(2) 0.6　　　　(3) 8%　　　　(4) 26%

**解き方** 小数で表された割合を 100 倍すると、百分率になります。

　また、百分率で表された割合を 100 でわると、小数になります。

(1) $0.12 × \boxed{①} = \boxed{②}$ (%)

(2) $0.6 × \boxed{①} = \boxed{②}$ (%)

(3) $8 ÷ \boxed{①} = \boxed{②}$

(4) $26 ÷ \boxed{①} = \boxed{②}$

> 0.01 → 　1%
> 0.1 → 　10%
> 1 → 100% です。

🎯 **ねらい** 歩合の意味と表し方を理解しよう。 ぶあい 　　　　練習 ❸❹

🐾 **歩合**

　割合の 0.1 を **1割**、0.01 を **1分**、0.001 を **1厘** というように表す わり　　　　　ぶ　　　　　りん
ことがあります。

　このような表し方を、**歩合**といいます。

> 割分厘
> 0 . 246

**2** 次の割合を、小数は歩合で、歩合は小数で表しましょう。

(1) 0.3　　　　(2) 0.165　　　　(3) 4割　　　　(4) 7割3分6厘

**解き方** (1) 0.1 を 1割と表すので、0.3 は、□ です。

(2) 0.1 を 1割、0.01 を 1分、0.001 を 1厘と表すので、

　0.165 は、□ です。

(3) 1割は 0.1 だから、4割は、□ です。

(4) 1割は 0.1、1分は 0.01、1厘は 0.001 だから、

　7割3分6厘は、□ です。

> 7割は 0.7、
> 3分は 0.03、
> 6厘は 0.006 だね。

📖 教科書　下 39〜42 ページ　📖 答え　27 ページ

**1** 150 人が、好きな色を 1 つずつ答えました。　📖 教科書 39 ページ 1

① 答えた人全体をもとにしたときの、それぞれの割合を、百分率で求め、右のような表を作ります。あ〜うにあてはまる数を答えましょう。

好きな色

| | 人数（人） | 百分率（%） |
|---|---|---|
| 赤 | 12 | 8 |
| 黄 | 27 | 18 |
| 青 | 45 | あ |
| 緑 | 30 | い |
| その他 | 36 | う |
| 合計 | 150 | |

あ （　　　　　）

い （　　　　　）

う （　　　　　）

② それぞれの百分率を合計すると、何 % になりますか。

（　　　　　　　　）

**2** 1 両の定員が 120 人の電車があります。1 両目は 102 人、2 両目は 132 人乗っています。それぞれのこみぐあいを、百分率で求めましょう。　📖 教科書 40 ページ 3

2 両目は定員より乗客数の方が多いよ。

1 両目 （　　　　　）　　2 両目 （　　　　　）

**3** ソフトボールの試合で、けんじさんは、打数が 8 回でヒット数は 3 本でした。打数に対するヒット数の割合を、打率といいます。

けんじさんの打率を歩合で表しましょう。　📖 教科書 41 ページ 2

（　　　　　　　　）

**4** スーパーで、もとのねだんが 600 円の弁当を 528 円で買いました。

もとのねだんをもとにしたときの代金の割合を、百分率と歩合で表しましょう。　📖 教科書 41 ページ ▶

百分率 （　　　　　）　　歩合 （　　　　　）

ヒント　**2** 定員より乗客数が多いときは、百分率は 100 % より大きくなります。

83

ぴったり③ 確かめのテスト。

⑬ **割合(1)** わりあい

時間 **30** 分

／100

合格 **80** 点

教科書 下 32〜45 ページ　答え 28 ページ

知識・技能　　　　　　　　　　　　　　／85点

**1** たっ球クラブで、サーブの練習をしました。右の表は、その記録です。次の問いに小数で答えましょう。

全部できて 1問5点(15点)

| | サーブした数(回) | 入った数(回) |
|---|---|---|
| けんた | 40 | 28 |
| としき | 30 | 18 |
| ひろと | 32 | 24 |
| ゆりこ | 28 | 14 |
| みのり | 35 | 21 |

サーブの練習の記録

① けんたさんのサーブが入った割合を求めましょう。

(　　　　　　　　　　)

② サーブが入った割合が同じなのは、だれとだれですか。また、そのときの割合を求めましょう。

(　　　　　　　)と(　　　　　　　)　割合(　　　　　　　)

③ サーブが入った割合がいちばん高いのはだれですか。また、そのときの割合を求めましょう。

(　　　　　　　)　割合(　　　　　　　)

**2** 次の割合を求めましょう。

各4点(16点)

① サッカーの試合で、7回シュートして1回も入らなかったときの、シュートが入った割合。

(　　　　　　　　　　)

② 定員が65人のバスに52人乗っているときの、こみぐあい。

(　　　　　　　　　　)

③ 全校の児童数が850人で、そのうち5年生が136人のときの、5年生の割合。

(　　　　　　　　　　)

④ チューリップの球根を15個うめて、15個花がさいたときの、花がさいた割合。

(　　　　　　　　　　)

**3** 割合について、小数、百分率、歩合の関係を次の表にまとめました。
あいているところをうめて、表を完成させましょう。

各3点（30点）

| 割合を表す小数 | | 0.45 | | | 0.08 |
| --- | --- | --- | --- | --- | --- |
| 百 分 率 | 30％ | | | 52.6％ | |
| 歩　　合 | | | 6割 | | |

**4** 次の割合を百分率と歩合で答えましょう。

各4点（24点）

① 500円の弁当を360円で買ったときの、もとのねだんをもとにした代金の割合。

百分率 （　　　　　　　　　） 歩合 （　　　　　　　　　）

② 20題の問題のうち18題が正答だったときの、正答の割合。

百分率 （　　　　　　　　　） 歩合 （　　　　　　　　　）

③ 定員90人の電車に108人が乗っているときの、こみぐあい。

百分率 （　　　　　　　　　） 歩合 （　　　　　　　　　）

思考・判断・表現　　　　　　　　　　　　　　　　／15点

**5** 右の表は、バスケットボールのシュートの練習をしたときの記録です。この成績を0.75と表したとき、次の問いに答えましょう。

各5点（15点）

○は入った。×は入らなかった。

① 0.75という数は、何を表していますか。

（　　　　　　　　　　　　　　　　　）

② あと2回シュートをして2回とも入らないと、成績はどんな数になりますか。

（　　　　　　　　　　　　　　　　　）

③ シュートの成績が1というのはどんなときですか。

（　　　　　　　　　　　　　　　　　）

ふりかえり　**1**がわからないときは、80ページの**1**にもどって確認してみよう。

85

**14** 図形の面積

**①** 平行四辺形の面積

教科書　下 46〜53 ページ　答え　28 ページ

✏️ 次の ▢ にあてはまる数を書きましょう。

🎯 **ねらい** 平行四辺形の面積の求め方を理解しよう。　　練習 ① ②

🐾 **平行四辺形の面積**

　右の平行四辺形ABCDで、辺BCを**底辺**としたとき、
底辺BCに垂直に引いた直線AG、EFなどの長さを、
底辺BCに対する**高さ**といいます。

🐾 **平行四辺形の面積の公式**

**平行四辺形の面積＝底辺×高さ**

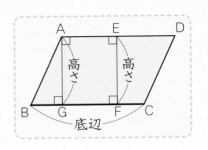

**1** 右の平行四辺形の面積は、何 cm² ですか。

**解き方** 右下のように、平行四辺形を、高さと底辺がそれぞ
れたてと横になるような長方形になおします。

　この長方形は、たてが ①▢ cm、横が ②▢ cm
だから、面積は、③▢ × ④▢ ＝ ⑤▢（cm²）
になります。

　平行四辺形の面積は、この長方形の面積と等しいから、
⑥▢ cm² です。

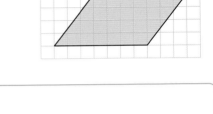

平行四辺形の面積は、
長方形の形に変えれ
ば求められるね。

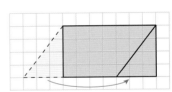

🎯 **ねらい** 平行四辺形の高さの場所を正しく理解しよう。　　練習 ③ ④

🐾 **高さの場所**

　右の図で、直線㋐と直線㋑の間の長さが、
辺BCを底辺としたときの、
平行四辺形ABCDの高さになります。

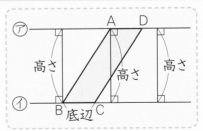

**2** 必要な長さを測って、右の平行四辺形の面積を求めましょう。

**解き方** 底辺をどこにするかで、高さが決まります。

　辺BCを底辺として高さを測って、

　面積＝①▢ × ②▢ ＝ ③▢（cm²）

　辺CDを底辺として高さを測って、

　面積＝④▢ × ⑤▢ ＝ ⑥▢（cm²）

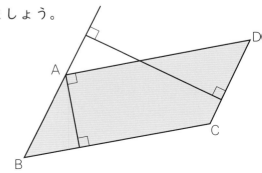

ぴったり2
# 練習

★ できた問題には、「た」をかこう！★

でき 1　でき 2　でき 3　でき 4

教科書　下 46〜53 ページ　答え　28 ページ

**1** 次の平行四辺形の面積を求めましょう。

教科書　49 ページ 2

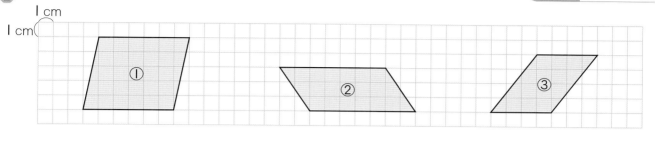

① (　　　　　)　　② (　　　　　)　　③ (　　　　　)

**2** 次の平行四辺形の面積を求めましょう。

教科書　50 ページ 3

①
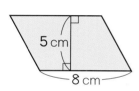
②
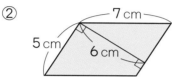
③

(　　　　　)　　(　　　　　)　　(　　　　　)

**3** 次の平行四辺形の面積を求めましょう。

教科書　51 ページ 4

①
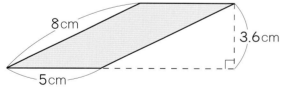
②
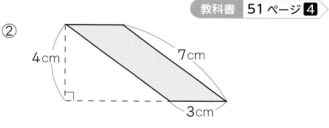

(　　　　　)　　　　　(　　　　　)

**4** 面積が 24 cm² で、高さが 6 cm の平行四辺形を作ります。底辺を何 cm にしたらよいですか。

教科書　52 ページ 5

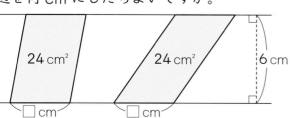

(　　　　　)

ヒント　4　面積と高さが同じ平行四辺形はいろいろできますが、底辺はすべて同じ長さになります。

# ぴったり1 準備

**14** 図形の面積

## ② 三角形の面積

教科書　下54〜59ページ　⇒答え　28ページ

✏️ 次の◯◯にあてはまる数やことばを書きましょう。

### 🎯ねらい　三角形の面積の求め方を理解しよう。　練習❶❷❸

#### 🐾三角形の面積

右の三角形で、辺BCを底辺としたとき、辺BCに向かいあった頂点Aから辺BCに垂直に引いた直線ADの長さを、底辺BCに対する**高さ**といいます。

#### 🐾三角形の面積の公式

**三角形の面積＝底辺×高さ÷2**

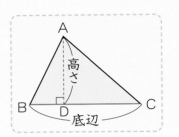

**1** 右の三角形ABCの面積を求めましょう。

**解き方** 三角形ABCに、これと合同な三角形を合わせると、平行四辺形ができます。

三角形ABCの面積は、平行四辺形の面積の①◻︎◻︎だから、

②◻︎◻︎×③◻︎◻︎÷2＝④◻︎◻︎(cm²)です。

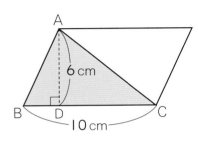

### 🎯ねらい　三角形の高さの場所を正しく理解しよう。　練習❶❷❸

#### 🐾高さの場所

頂点Aを通り、辺BCに平行な直線⑦と、辺BCを通る直線⑦を引きます。

この直線⑦と直線⑦の間の長さが、辺BCを底辺としたときの、三角形の高さになります。

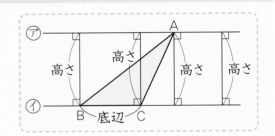

**2** 必要な長さを測って、右の三角形の面積を求めましょう。

**解き方** 底辺をどこにするかで、高さが決まります。

BCを底辺として高さを測って、

面積＝①◻︎◻︎×②◻︎◻︎÷③◻︎◻︎

　　＝④◻︎◻︎(cm²)

ABを底辺として高さを測って、

面積＝⑤◻︎◻︎×⑥◻︎◻︎÷⑦◻︎◻︎

　　＝⑧◻︎◻︎(cm²)

高さは、1つの頂点、垂直、向かいあった辺がポイントだよ。

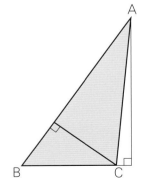

🔍よくみて

**1** 右のような三角形ABCがあります。

教科書　56 ページ**2**、57 ページ**3**

① 辺BCを底辺としたとき、高さはどこですか。

（　　　　　　　　）

② 辺ABを底辺としたとき、高さはどこですか。

（　　　　　　　　）

③ 辺ACを底辺としたとき、高さはどこですか。

（　　　　　　　　）

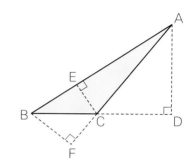

**2** 次の三角形の面積を求めましょう。

教科書　56 ページ**2**、57 ページ**3**

①

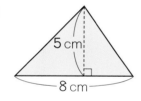

②

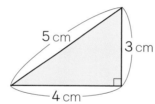

③

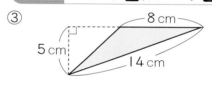

（　　　　　　）　　（　　　　　　）　　（　　　　　　）

**3** 右の図で、直線⑦と直線④は平行です。

教科書　59 ページ**5**

① 三角形ABCの面積を求めましょう。

（　　　　　　　　）

② 三角形ABDの面積を求めましょう。

（　　　　　　　　）

③ 三角形ABCの辺BCを底辺としたときの高さを求めましょう。

（　　　　　　　　）

④ 三角形ABDの辺ADを底辺としたときの高さを求めましょう。

（　　　　　　　　）

**●ヒント** 　③ 底辺×高さ÷2＝三角形の面積　　底辺×高さ＝三角形の面積×2
　　　　　　　　　高さ＝三角形の面積×2÷底辺　　で求めます。

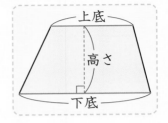

14 図形の面積
③ 台形の面積
④ ひし形の面積
⑤ 面積の求め方のくふう

教科書 下60〜65ページ　答え 29ページ

✎ 次の□にあてはまる数やことばを書きましょう。

◎ねらい 台形の面積の求め方を理解しよう。　練習 ①➡

🐾 台形の面積

台形の平行な2つの辺を、**上底**、**下底**といい、その間の長さを、**高さ**といいます。

🐾 台形の面積の公式

**台形の面積＝（上底＋下底）×高さ÷2**

1 右の台形ABCDの面積は、何 cm² ですか。

**解き方** 台形ABCDに、これと合同な台形を合わせると、平行四辺形EFCDができます。

台形ABCDの面積は、平行四辺形の面積の ① □ だから、

（FB＋BC）×高さ÷2

＝（② □ ＋ ③ □ ）× ④ □ ÷2

＝ ⑤ □ （cm²）です。

◎ねらい ひし形の面積の求め方を理解しよう。　練習 ② ③➡

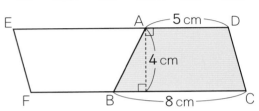
対角線

🐾 ひし形の面積

2本の対角線の長さがわかれば、求めることができます。

🐾 ひし形の面積の公式

**ひし形の面積＝対角線×対角線÷2**

2 右のひし形ABCDの面積は、何 cm² ですか。

**解き方** ひし形ABCDの頂点を通り、対角線に平行な直線を引くと、長方形EFGHができます。

ひし形ABCDの面積は、長方形EFGHの面積の ① □ だから、

EF×EH÷2＝ ② □ × ③ □ ÷2

＝ ④ □ （cm²）です。

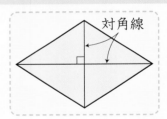
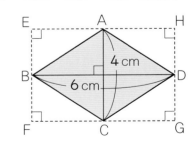

◎ねらい いろいろな図形の面積の求め方を考えよう。　練習 ④

四角形や五角形などの面積は、いくつかの三角形に分けると、求めることができます。

ぴったり2
# 練習

★ できた問題には、「た」をかこう！★

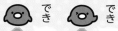 でき 1
 でき 2
 でき 3
 でき 4

学習日　　月　　日

教科書　下60〜65ページ　　答え　29ページ

## 1 次の台形の面積を求めましょう。

教科書　60ページ 1

①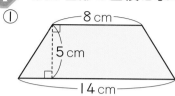

（　　　　　　）

②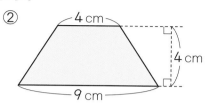

（　　　　　　）

③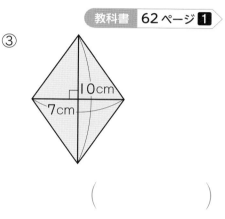

（　　　　　　）

## 2 次のひし形の面積を求めましょう。

教科書　62ページ 1

①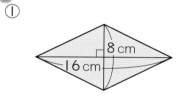

（　　　　　　）

②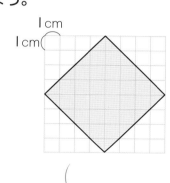

（　　　　　　）

③

（　　　　　　）

## 3 右の図のように、対角線が垂直に交わっている四角形があります。

この四角形の面積を求めましょう。

教科書　63ページ 3

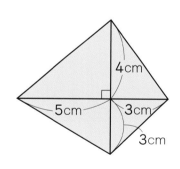

（　　　　　　）

## 4 次の図形の面積を求めましょう。

教科書　64ページ 1

①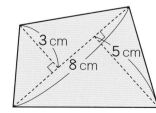

（　　　　　　）

②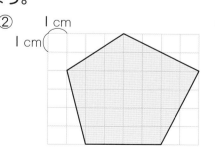

（　　　　　　）

③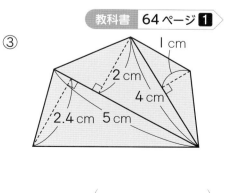

（　　　　　　）

 ヒント　　❸ 2本の対角線が垂直に交わっている四角形の面積も、ひし形と同じように、「対角線×対角線÷2」で求めることができます。

ぴったり③
確かめのテスト

⑭ 図形の面積

時間 **30** 分
／100
合格 **80** 点

教科書　下 46〜71 ページ　　答え　30 ページ

**知識・技能**　　　　　　　　　　　　　　　　　　　　　　　　／76点

**1** 次の □ にあてはまることばを書きましょう。　　全部できて 各4点(16点)

① 平行四辺形の面積＝⑦□ × ⑦□

② 三角形の面積＝⑦□ × ⑦□ ÷2

③ 台形の面積＝(⑦□ ＋ ⑦□) × ⑦□ ÷2

④ ひし形の面積＝⑦□ × ⑦□ ÷2

**2** **よく出る** 次の図形の面積を求めましょう。　　式・答え 各3点(36点)

①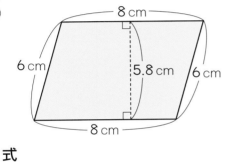

式

答え（　　　　　　　）

② 

13cm　14cm　12cm　15cm

式

答え（　　　　　　　）

③ 

13 cm　8 cm　3 cm

式

答え（　　　　　　　）

④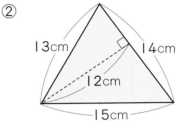
1cm　1cm

式

答え（　　　　　　　）

⑤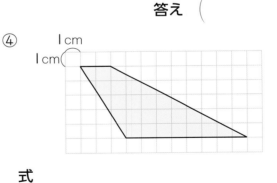
7 cm　3 cm　10 cm

式

答え（　　　　　　　）

⑥ 
6 cm　10 cm

式

答え（　　　　　　　）

**❸** 次の図の色のついた部分の面積を求めましょう。

式・答え　各4点(24点)

①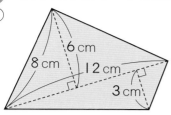

式

②

式

③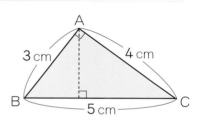

式

答え（　　　　　　）　　答え（　　　　　　）　　答え（　　　　　　）

---

**思考・判断・表現**　　　　　　　　　　　　　　　／24点

**❹** 右のような直角三角形ABCがあります。
BCを底辺としたときの高さを求めましょう。式・答え　各4点(8点)

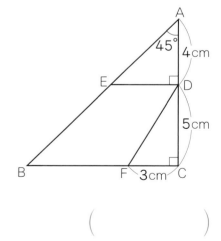

式

答え（　　　　　　）

**❺** 右の図について、次の問いに答えましょう。　各4点(16点)

① 辺EDの長さを求めましょう。

（　　　　　　）

② 辺BCの長さを求めましょう。

（　　　　　　）

**できたらスゴイ！**

③ 四角形EBFDの辺BFの長さと四角形EBFDの面積をそれぞれ求めましょう。

辺BF（　　　　　　）　　面積（　　　　　　）

**ふりかえり** ❶①がわからないときは、86ページの❶にもどって確認してみよう。

教科書 下72〜76ページ　答え 30ページ

✏️ 次の◯にあてはまる数やことばを書きましょう。

🎯ねらい **正多角形について理解しよう。**　練習①②

🐾 **正多角形**

　辺の長さがすべて等しく、角の大きさもすべて等しい多角形を**正多角形**といいます。

正三角形　正四角形（正方形）　正五角形　正六角形　正八角形

**1** 右の正八角形で、向かい合った頂点を結んだ対角線をかくと、点O（オー）で交わります。次の問いに答えましょう。

(1) 対角線でできた三角形は、どのような三角形ですか。

(2) 右の正八角形で、⑦と④の角度は何度ですか。

(3) 正八角形の｜つの角⑦の角度は何度ですか。

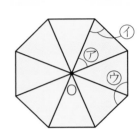

**解き方** (1) 対角線の交わった点から頂点までの長さは、すべて等しいので、

　　◯　　になります。また、できた8個の三角形は、すべて合同です。

(2) ⑦は、360°を8等分した｜つ分だから、360°÷8=①◯°です。

　三角形の角の和は180°だから、

　④は、(180°−②◯°)÷2=③◯°です。

(3) ⑦は④の2つ分だから、①◯°×2=②◯°です。

🎯ねらい **正多角形をかけるようにしよう。**　練習③

🐾 **正多角形のかき方**

　円を使って、円の中心のまわりの角を等分してかくことができます。

　正多角形では、円の中心のまわりの角を辺の数で等分しています。

**2** 円をもとにして、正五角形をかきます。円の中心のまわりの角を、何等分して、何度にすればよいですか。

**解き方** 正五角形の辺の数は①◯なので、

円の中心のまわりの角②◯°を③◯等分して、

④◯°にします。

半径

ったり2
# 練習

★ できた問題には、「た」をかこう！★
 でき ①  でき ②  でき ③

学習日　　月　　日

📖 教科書 下72〜76ページ　➡ 答え 30〜31ページ

**1** 次の多角形は、辺の長さがすべて等しく、角の大きさもすべて等しくなっています。

教科書 73ページ **1**、74ページ **2**

⑦ 　　　　　　　　　　⑦

① 多角形の名前を答えましょう。

⑦ （　　　　　　　　）　　⑦ （　　　　　　　　）

② １つの角の大きさを求めましょう。

⑦ （　　　　　　　　）　　⑦ （　　　　　　　　）

**2** 半径が4cmの円を使って、正六角形をかきました。

教科書 74ページ **2**、75ページ **3**

① ⑦の角度は何度ですか。

（　　　　　　　　）

⚠ まちがい注意
② 色のついた三角形は、どんな三角形ですか。

（　　　　　　　　）

③ ⑦の角度は何度ですか。

（　　　　　　　　）

④ AB（エービー）の長さは何cmですか。

（　　　　　　　　）

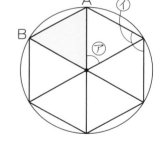

**3** 円をもとにして、次の正多角形をかきましょう。

教科書 75ページ **3**

① 正五角形　　　　　　　② 正八角形

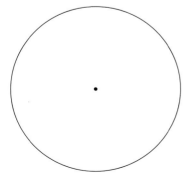　　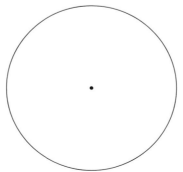

中心のまわりを
何度ずつに
分ければ
いいのかな。

🐾ヒント
**1** ② 多角形の角の大きさの和の求め方は、「**9** 図形の角」で学習しました。
**3** 360°÷辺の数を計算して、円の中心のまわりを等分してかきます。

95

✏️ 次の◯◯にあてはまる数を書きましょう。

🎯 ねらい　円周率を理解し、円周や直径が求められるようにしよう。　練習 ① ② ③ ④

🐾 円周

円のまわりを**円周**といいます。円周のように曲がった線を**曲線**といいます。

🐾 円周率

どんな大きさの円でも、円周÷直径は、きまった数になります。

円周÷直径で求められる数を、**円周率**といいます。

### 円周率＝円周÷直径

円周率は、3.14159……と限りなく続く数ですが、ふつう 3.14 として使います。

🐾 円周の長さの求め方

### 円周＝直径×3.14

**1** 次の円周の長さを求めましょう。

(1) 直径5cmの円。

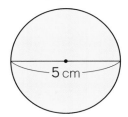

(2) 半径3cmの円。

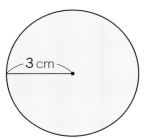

**解き方** 円周率を 3.14 として、「円周＝直径×3.14」と計算します。

(1) ①◯◯◯◯ ×3.14＝②◯◯◯◯

　　なので、円周の長さは ③◯◯◯◯ cm です。

(2) ①◯◯◯◯ ×2×3.14＝②◯◯◯◯
　　　直径

　　なので、円周の長さは ③◯◯◯◯ cm です。

直径＝半径×2
だったね。

**2** 円周の長さが 94.2 cm の円の直径の長さを求めましょう。

**解き方** 円の直径の長さを□ cm とすると、

　　　　□×3.14＝①◯◯◯◯

だから、直径の長さは、円周の長さを円周率 ②◯◯◯◯ でわればよいことがわかります。

　　③◯◯◯◯ ÷3.14＝④◯◯◯◯ なので、直径の長さは ⑤◯◯◯◯ cm です。

**1** 次の円周の長さを求めましょう。

教科書 81ページ 3

① 直径20cmの円。

② 直径8mの円。

（　　　　　　　）　　　　　　　（　　　　　　　）

③ 半径6cmの円。

④ 半径27.5cmの円。

（　　　　　　　）　　　　　　　（　　　　　　　）

**2** 円周の長さが次のような円の直径の長さは何cmですか。

教科書 81ページ 3

① 314cm

② 188.4cm

（　　　　　　　）　　　　　　　（　　　　　　　）

**3** 大きな木のまわりの長さをはかったら、7.85mでした。
この木のまわりを円周と考えると、この木の直径の長さは何mですか。

教科書 82ページ 5

（　　　　　　　）

🔍 **よくみて**

**4** 右の図で、色のついた部分のまわりの長さを求めましょう。

教科書 81ページ 3

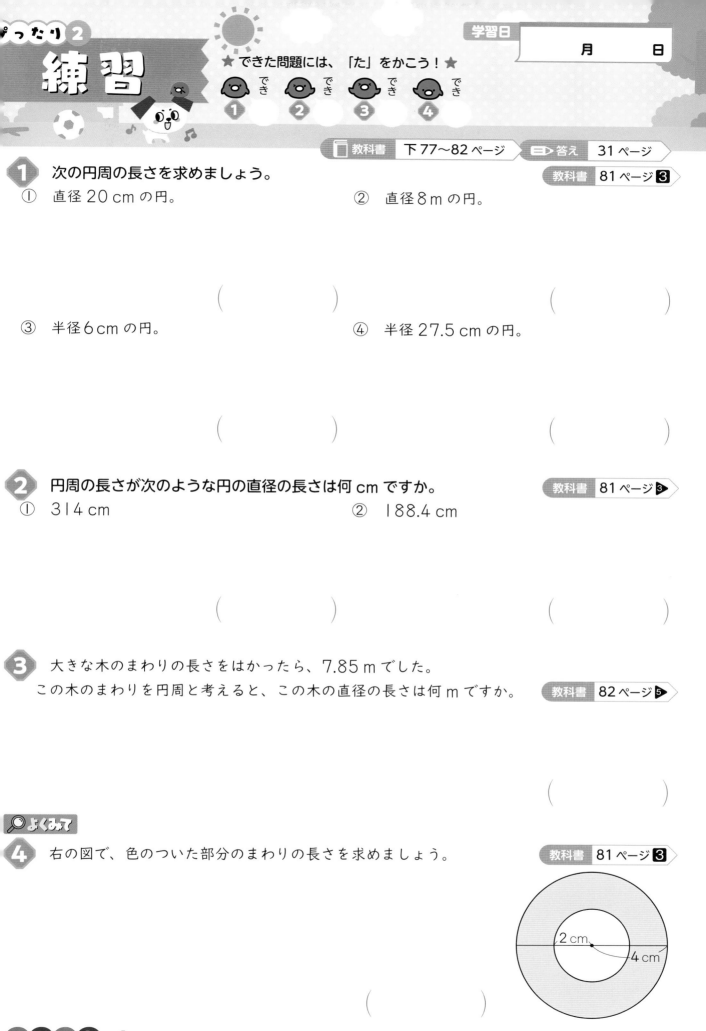

2cm

4cm

（　　　　　　　）

**ヒント** ④ 大きい円と小さい円の円周の和を求めます。

## 15 正多角形と円

時間 30分

/100

合格 80点

教科書 下72〜87ページ　答え 31〜32ページ

知識・技能 　　　　　　　　　　　　　　　　　　　　　/74点

**1** 次の◯◯にあてはまることばを書きましょう。　　　各4点（12点）

① ☐＝円周÷直径

② 円周＝☐×3.14

③ 直径＝☐÷3.14

**2** 右の多角形は、辺の長さがすべて等しく、角の大きさもすべて等しくなっています。　　　各5点（20点）

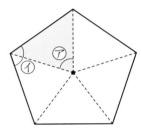

① 多角形の名前を答えましょう。

（　　　　　　　　）

② 色のついた三角形は、どんな三角形ですか。

（　　　　　　　　）

③ ⑦の角度は何度ですか。

（　　　　　　　　）

④ ④の角度は何度ですか。

（　　　　　　　　）

**3** １辺が２cm の正六角形を、次のかき方でかきましょう。　　　各5点（10点）

① 円の中心のまわりの角を６等分するかき方。

② コンパスで円のまわりを半径の長さで区切ってかくかき方

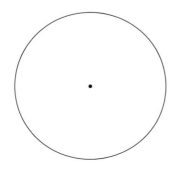

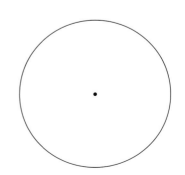

**4** 円の中心のまわりの角を、次の角度で等分して正多角形をかきました。
それぞれどんな正多角形になりますか。　　　　　　　　　　　各4点(8点)

① 36°

② 45°

（　　　　　　　　　）　　　　　　　　　　　　（　　　　　　　　　）

**5** よく出る 次の長さを求めましょう。　　　　　　式・答え 各4点(24点)

① 直径6mの円の円周。
式

答え（　　　　　　　　）

② 半径5.5cmの円の円周。
式

答え（　　　　　　　　）

③ 円周が125.6cmの円の直径。
式

答え（　　　　　　　　）

**思考・判断・表現** 　　　　　　　　　　　　　　　　　／26点

**6** 右の多角形は正多角形とはいえません。
その理由を「辺の長さ」、「角の大きさ」ということばを使って説
明しましょう。　　　　　　　　　　　　　　　(6点)

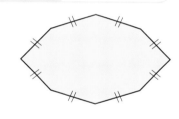

（　　　　　　　　　　　　　　　　　　　　　　　　　　）

**7** 直径の長さが20mの半円（円の半分）の道の内側に、直径の
長さが等しい2つの半円の道があります。　　式・答え 各4点(20点)

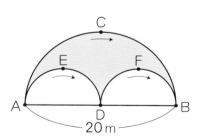

① AからBまで行くのに、A→C→Bのコースの道のりは何m
ありますか。
式

答え（　　　　　　　　）

② AからBまで行くのに、A→E→D→F→Bのコースの道のりは何mありますか。
式

答え（　　　　　　　　）

③ ①のコースの道のりと②のコースの道のりを比べると、どうなっていますか。

（　　　　　　　　　　　　　　　　　　　　）

 ① がわからないときは、96ページの 1 2 にもどって確認してみよう。

この本の終わりにある「冬のチャレンジテスト」をやってみよう！

99

ぴったり1 準備

16 体積
① 体積
② 体積の公式

学習日　　月　　日

教科書 下90〜95ページ　答え 32ページ

 次の□にあてはまる数を書きましょう。

◎ねらい 体積について理解しよう。　　練習❶

🐾体積
かたまりの大きさを、数で表したものを**体積**といいます。
｜辺が｜cm の立方体と同じ体積を、
｜cm³ と書き、｜**立方センチメートル**と読みます。
cm³ は、体積の単位です。

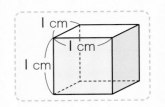

**1** 右の直方体は、｜辺が｜cm の立方体を積んだものです。何個分の大きさといえますか。
また、その体積を求めましょう。

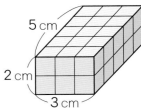

解き方 ｜だん目は、　　5×<sup>①</sup>□＝<sup>②</sup>□（個）

それが2だんあるから、<sup>③</sup>□×2＝<sup>④</sup>□（個）

｜辺が｜cm の立方体の<sup>⑤</sup>□個分の大きさといえます。

だから、この直方体の体積は<sup>⑥</sup>□cm³ です。

◎ねらい 直方体と立方体の体積の求め方を理解しよう。　　練習❷❸

🐾直方体の体積の公式
**直方体の体積＝たて×横×高さ**
🐾立方体の体積の公式
**立方体の体積＝｜辺×｜辺×｜辺**

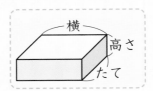
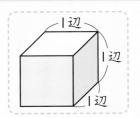

**2** 次の直方体や立方体の体積を求めましょう。
(1)　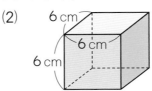
(2)

｜cm³ の立方体の
個数を数えるのと
同じ式になっているよ。

解き方 (1)　直方体の体積の公式にあてはめます。

<sup>①</sup>□ × <sup>②</sup>□ × <sup>③</sup>□ ＝ <sup>④</sup>□（cm³）
　たて　　　横　　　高さ

答え <sup>⑤</sup>□ cm³

(2)　立方体の体積の公式にあてはめます。

<sup>①</sup>□ × <sup>②</sup>□ × <sup>③</sup>□ ＝ <sup>④</sup>□（cm³）
　｜辺　　　｜辺　　　｜辺

答え <sup>⑤</sup>□ cm³

教科書 下 90〜95 ページ　答え 32 ページ

**1** 1 cm³ の立方体を積んで、次のような形を作りました。
体積は何 cm³ ですか。

教科書 92 ページ ▶・2

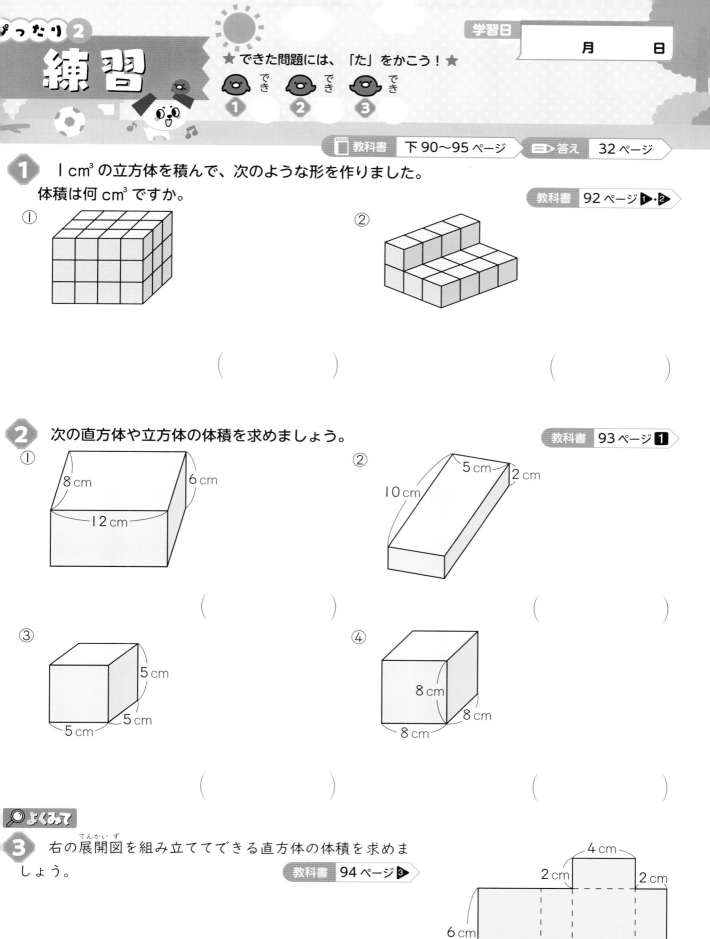

①

②

(　　　　　　　　)

(　　　　　　　　)

**2** 次の直方体や立方体の体積を求めましょう。

教科書 93 ページ 1

①　8 cm　6 cm　12 cm

②　5 cm　2 cm　10 cm

(　　　　　　　　)

(　　　　　　　　)

③　5 cm　5 cm　5 cm

④　8 cm　8 cm　8 cm

(　　　　　　　　)

(　　　　　　　　)

🔍 よくみて

**3** 右の展開図を組み立ててできる直方体の体積を求めましょう。

教科書 94 ページ 3

4 cm　2 cm　2 cm　6 cm　4 cm　2 cm

(　　　　　　　　)

😀 ヒント　3 展開図を組み立てると、辺の長さが 6 cm、4 cm、2 cm の直方体ができます。

16 体積
③ 大きな体積
④ いろいろな形の体積

教科書 下96〜99ページ 答え 32ページ

✏️ 次の ◻ にあてはまる数を書きましょう。

🎯 **ねらい** 大きな体積が求められるようにしよう。　　練習 ① ②

🐾 **大きな体積**

１辺が１mの立方体と同じ体積を
１m³と書き、**１立方メートル**と読みます。
１m＝100cmだから、
１m³＝1000000cm³

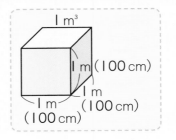

**1** 右の直方体の体積は、何m³ですか。

**解き方** １m³の立方体が何個あるかを調べます。

$3 × \boxed{①} × 2 = \boxed{②}$（個）
　たて　横　高さ

答え $\boxed{③}$ m³

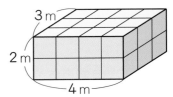

🎯 **ねらい** いろいろな形の体積を求められるようにしよう。　　練習 ③

🐾 **いろいろな形の体積**

直方体や立方体ではない形の体積は、直方体や立方体に分けたり、大きな直方体を考えてからへこんでいる部分をひいたりして求めることができます。

**2** 右の図のような形の体積を求めましょう。

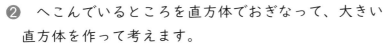

**解き方** ❶　２つの直方体に分けて考えます。

たて６cm、横 $\boxed{①}$ cm、高さ５cmの直方体と

たて６cm、横４cm、高さ $\boxed{②}$ cmの直方体を
合わせた形と考えて、体積は、

$6 × \boxed{③} × 5 + 6 × 4 × \boxed{④} = \boxed{⑤}$（cm³）

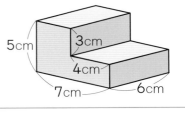

❷　へこんでいるところを直方体でおぎなって、大きい
直方体を作って考えます。

もとの形の体積は、２つの直方体の体積の差で、

$\underbrace{6 × 7 × \boxed{⑥}}_{大きい直方体} - \underbrace{6 × 4 × \boxed{⑦}}_{おぎなった直方体} = \boxed{⑧}$（cm³）

答え $\boxed{⑨}$ cm³

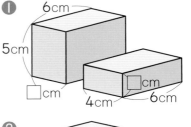

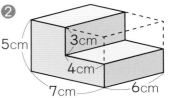

ぴったり2
練習

★ できた問題には、「た」をかこう！★
でき 1　でき 2　でき 3

学習日
月　　　日

教科書　下 96〜99 ページ　　答え　32〜33 ページ

**1** 次の直方体の体積を求めましょう。

教科書　96 ページ **1**

①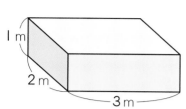

(　　　　　　　　　　)

② 7 m　2 m　4 m

(　　　　　　　　　　)

**2** 次の①、②の直方体は何 m³ ですか。
また、何 cm³ ですか。それぞれ求めましょう。

教科書　97 ページ **2**・**3**

①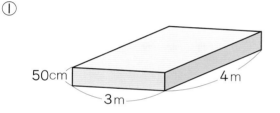

②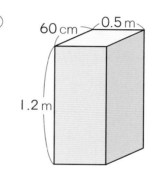

(　　　　　　　　　) m³　　　　　(　　　　　　　　　) m³

(　　　　　　　　　) cm³　　　　(　　　　　　　　　) cm³

**3** 次のような形の体積を求めましょう。

教科書　98 ページ **1**

①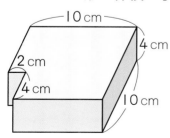

(　　　　　　　　　　)

②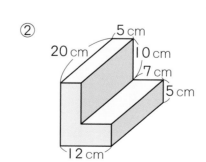

(　　　　　　　　　　)

**ヒント**　**2** たて、横、高さの単位を m か cm のどちらかにそろえて計算します。また、まず m³ で
求めてから、1 m³＝1000000 cm³ を使ってもよいです。

⏰

**16** 体積
⑤ **体積の単位**
⑥ **容積**（ようせき）

✏️ 次の◯◯にあてはまる数を書きましょう。

🎯 **ねらい** 体積と水のかさの単位の関係を理解しよう。　　練習 ❶ ❷

🐾 **体積と水のかさ**

水のかさの単位には、kL、L、dL、mL の単位があります。

体積と水のかさの関係は、次のようになっています。　　$1000 L = 1 m^3$　　$1 mL = 1 cm^3$

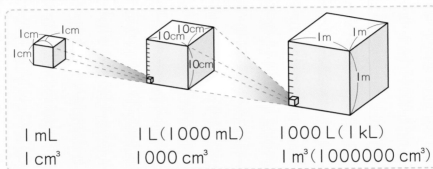

| 1 mL | 1 L（1000 mL） | 1000 L（1 kL） |
| $1 cm^3$ | $1000 cm^3$ | $1 m^3$（$1000000 cm^3$） |

**1** 500 L の水は何 $cm^3$ ですか。また、何 $m^3$ ですか。

**解き方** 立方体の 1 L ますは、たて、横、高さがどれも ①◯◯◯ cm です。

この 1 L ますに入る水は ②◯◯◯ $cm^3$ だから、500 L の水は ③◯◯◯ $cm^3$ です。

また、$1000 L = 1 m^3$ だから、500 L は ④◯◯◯ $m^3$ です。

🎯 **ねらい** 容積について理解しよう。　　練習 ❸

🐾 **容積**

入れ物の内側のたて、横、高さを、**内のり**といいます。

また、内側の高さのことを、**深さ**ともいいます。

入れ物の大きさは、その入れ物いっぱいに入れた水などの
体積で量ります。この体積を、入れ物の**容積**といいます。

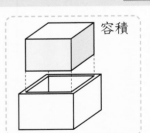

容積

**2** 厚さ（あつ）1 cm の板で作った、右の図のような直方体の形をした
入れ物があります。この入れ物の容積を求めましょう。

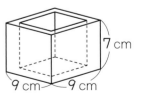

7 cm
9 cm　9 cm

**解き方** 内のりの長さを求めてから、体積の公式にあてはめます。

内のりのたてと横の長さは、$9 - 1 \times 2 =$ ①◯◯◯（cm）

深さは、$7 - 1 =$ ②◯◯◯（cm）

これらの長さを体積の公式にあてはめると、

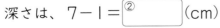

③◯◯◯ × ④◯◯◯ × ⑤◯◯◯ = ⑥◯◯◯
　たて　　　横　　　　高さ

答え ⑦◯◯◯ $cm^3$

教科書 下 100〜102 ページ　答え 33 ページ

**1** 次の □ にあてはまる数を書きましょう。　　教科書 100ページ **1**

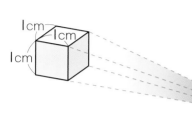

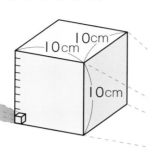
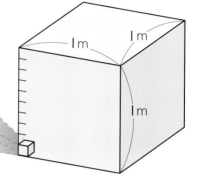

$1\,mL = \boxed{\phantom{x}}^{あ}\ cm^3$

$1\,L = \boxed{\phantom{x}}^{い}\ mL$

$1\,L = \boxed{\phantom{x}}^{う}\ cm^3$

$1000\,L = \boxed{\phantom{x}}^{え}\ kL$

$1000\,L = \boxed{\phantom{x}}^{お}\ m^3$

$1000\,L = \boxed{\phantom{x}}^{か}\ cm^3$

単位の前に k（キロ）が
つくと、1000 倍、
m（ミリ）がつくと、
1000 分の1 になるよ。

**2** 次の □ にあてはまる数を書きましょう。　　教科書 100ページ **1**

① $3L = \boxed{\phantom{xx}}\ cm^3$

② $56000\,cm^3 = \boxed{\phantom{xx}}\ L$

③ $4\,m^3 = \boxed{\phantom{xx}}\ L$

④ $860000\,cm^3 = \boxed{\phantom{xx}}\ m^3$

**！まちがい注意**

**3** 右の図のような、厚さ1cm の板で作った直方体の形をした
入れ物があります。　　教科書 102ページ **1**

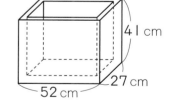

41 cm
27 cm
52 cm

① 内のりのたてと横の長さは、何 cm ですか。

たて（　　　　　　　）

横（　　　　　　　）

② 深さは、何 cm ですか。

（　　　　　　　）

③ この入れ物の容積は、何 cm³ ですか。

（　　　　　　　）

 **❸** 内のりのたてと横の長さは、2cm、深さは1cm 短くなります。

教科書 下 90〜107 ページ ⟩ ⟨ 答え 33〜34 ページ

**知識・技能** ／72点

**1** 次の ⬚ にあてはまることばを書きましょう。 全部できて 1問4点(8点)

① 直方体の体積＝たて× ⑦⬚ × ④⬚

② 立方体の体積＝ ⑦⬚ × ④⬚ × ⑨⬚

**2** よく出る 次の ⬚ にあてはまる数を書きましょう。 各4点(16点)

① 1.7 m³＝⬚ cm³

② 5100 cm³＝⬚ L

③ 3.5 m³＝⬚ L

④ 1500 mL＝⬚ cm³

**3** よく出る 次の図のような形の体積を求めましょう。 各4点(16点)

①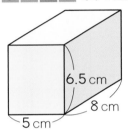

6.5 cm
8 cm
5 cm

（ ）

②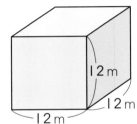

12 m
12 m
12 m

（ ）

③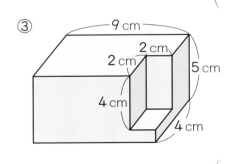

9 cm
2 cm
2 cm
5 cm
4 cm
4 cm

（ ）

④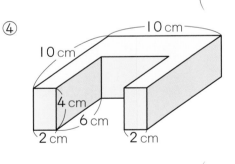

10 cm
10 cm
4 cm
6 cm
2 cm
2 cm

（ ）

**4** たて 1 m、横 2 m、高さ 80 cm の直方体の体積は、何 m³ ですか。
また、何 cm³ ですか。 式・答え 各5点(20点)

式

答え （ m³ ）

式

答え （ cm³ ）

**5** 右のような板を組み立てて、直方体の形の入れ物を作ります。

式・答え 各4点(12点)

① できた入れ物の容積は何 cm³ ですか。

式

答え （　　　　　　　　）

② できた入れ物の容積は何 L ですか。

（　　　　　　　　）

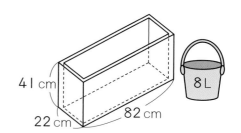

思考・判断・表現 ／28点

**できたらスゴイ！**

**6** 右の図のような、厚さ 1 cm のガラスでできた直方体の形をした水そうに、水を入れます。

8 L 入るバケツで水を入れていくと、何ばい目でいっぱいになりますか。 式・答え 各4点(8点)

式

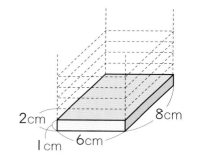

答え （　　　　　　　　）

**7** 右の図のように、たて 8 cm、横 6 cm の直方体の高さを 1 cm、2 cm、…と変えていきます。 全部できて 1問5点(20点)

① 高さを□ cm、体積を○ cm³ として、体積を求める式を書きましょう。

（　　　　　　　　　　　　　　　）

② 直方体の高さと体積の関係を、表にまとめましょう。

**直方体の高さと体積**

| 高さ□（cm） | 1 | 2 | 3 | 4 | 5 | 6 |
| --- | --- | --- | --- | --- | --- | --- |
| 体積○（cm³） | | | | | | |

③ 直方体の体積は高さに比例するといえますか。理由も書きましょう。

（
　
　
　
）

④ 直方体の体積が 432 cm³ になるのは、高さが何 cm のときですか。

（　　　　　　　　）

 **1**がわからないときは、100 ページの **2** にもどって確認してみよう。

**17** 割合(2)

① 2つの量の割合
② 割合を使った問題

教科書 下 108〜114 ページ ｜ 答え 34 ページ

✏️ 次の □ にあてはまる数を書きましょう。

🎯 **ねらい** 2つの量の関係を割合を使って表せるようになろう。 練習 ➊

🐾 **2つの量の割合**

2つの量の関係を割合で表すことができます。このとき、もとにする量を変えると、割合も変わります。割合は 1 より大きくなることもあります。**割合＝比べられる量÷もとにする量**

**1** まさみさんのおかし箱には、グミが 20 個、ガムが 25 個入っています。
(1) ガムの個数をもとにしたグミの個数の割合を求めましょう。
(2) グミの個数をもとにしたガムの個数の割合を求めましょう。

**解き方** (1) 比べられる量はグミの個数で、

もとにする量はガムの個数になるから、

割合は、①□ ÷ ②□ ＝ ③□

グミ 20個
ガム 25個
割合 0　　0.5　□　1

(2) 比べられる量はガムの個数で、

もとにする量はグミの個数になるから、

割合は、①□ ÷ ②□ ＝ ③□

グミ 20個
ガム 25個
割合 0　　0.5　1　□

🎯 **ねらい** 比べられる量やもとにする量を求められるようにしよう。 練習 ➋ ➌ ➍ ➎

🐾 **割合を使った問題**

**比べられる量＝もとにする量×割合**　　　**もとにする量＝比べられる量÷割合**

**2** (1) ペンキが 20 dL ありました。へいをぬるのに全体の 35 ％ を使いました。
ペンキは何 dL 使いましたか。
(2) 180 円でパンを買いました。これは持っていたお金全体の 25 ％ にあたります。
持っていたお金は何円でしたか。

**解き方** 割合を小数になおして考えます。

(1) 使ったペンキの量は、

①□ × ②□ ＝ ③□
もとにする量　　割合

より、④□ dL です。

0　　　□　　　20 (dL)
ペンキ
割合
(小数) 0　　0.35　　1

(2) 持っていたお金全体を □円とすると、

□ × ①□ ＝180

だから、□を求める式は、

□＝②□ ÷ ③□ ＝④□ となり、持っていたお金は、⑤□ 円です。

0　180　　□ (円)
お金
割合
(小数) 0　0.25　　1

**1** たての長さが 10 m、横の長さが 25 m の長方形の畑があります。

教科書　109ページ **1**

① たての長さをもとにした、横の長さの割合を求めましょう。

（　　　　　　　）

② 横の長さをもとにした、たての長さの割合を求めましょう。

（　　　　　　　）

**2** 140 ページある本を読んでいます。全体の 45 % を読みました。
何ページ読みましたか。

教科書　111ページ **1**

（　　　　　　　）

**3** 定価 1600 円のシャツを 15 % 引きで買いました。
代金は何円ですか。

教科書　112ページ **2**

（　　　　　　　）

**4** さとみさんの身長は 140 cm です。さとみさんの身長は、お父さんの身長の 80 % にあたります。
お父さんの身長は何 cm ですか。

教科書　113ページ **3**

（　　　　　　　）

**5** ある新幹線の 1 号車には 104 人乗っていました。この乗客数は定員の 130 % にあたります。
1 号車の定員は何人ですか。

教科書　113ページ **3**

（　　　　　　　）

**ヒント** ❸ はじめに、何円安くしてもらったか求めます。
❹❺ □を使い、比べられる量を求める式を書くとよいでしょう。

**知識・技能**　／76点

**1** 5年生の児童数は 50 人で、担当する先生は8人です。
式・答え 各5点(20点)

① 児童数をもとにした、先生の人数の割合を求めましょう。

式

答え （　　　　　　　）

② 先生の人数をもとにした、児童数の割合を求めましょう。

式

答え （　　　　　　　）

**2** 1両の定員が 140 人の電車があります。
こみぐあいが 105 ％ の車両には、何人が乗っていますか。
式・答え 各5点(10点)

式

答え （　　　　　　　）

**3** 500 円で仕入れた商品に、40 ％ の利益を加えて売りたいと思います。
何円で売ればよいですか。
式・答え 各5点(10点)

式

答え （　　　　　　　）

**4** 畑の一部を花畑にしています。花畑の面積は 90 m² で、畑全体の 18 ％ にあたります。
畑全体の面積は、何 m² ですか。
式・答え 各6点(12点)

式

答え （　　　　　　　）

**5** あるおかしが、冬の間だけ 15 ％ 増量となり、184 g になっています。
通常の量は何 g ですか。　　　　　　　　　　　　　　　式・答え 各6点(12点)

式

答え（　　　　　　　　　）

**6** セーターが定価の 2 割 5 分引きになり、3600 円で売られています。
このセーターの定価は、何円ですか。　　　　　　　　式・答え 各6点(12点)

式

答え（　　　　　　　　　）

---

思考・判断・表現　　　　　　　　　　　　　　　　　　／24点

**7** ひろとさんの家の畑では、毎年、いもが採れます。
右の表は、東の畑と南の畑で、去年採れたいもの量と、
今年採れたいもの量です。次の問いに答えましょう。
　　　　　　　　　　　　　　　　　　　　　　各6点(12点)

採れたいもの量　　（kg）

| | 去年 | 今年 |
|---|---|---|
| 東の畑 | 25 | 32 |
| 南の畑 | 40 | 52 |

① 東の畑について、去年採れたいもの量をもとにして、
今年採れたいもの量の割合を求めましょう。

（　　　　　　　　　）

② 今年になって、いもがよく採れるようになったといえるのは、どちらの畑ですか。

（　　　　　　　　　）

**8** 食品の特売の日、北店では定価の 16 ％ 引きで売っています。西店では、500 円以上買う
と、100 円引きになります。ただし、北店と西店の食品の定価はすべて同じです。
次の①、②の買い物をするとき、どちらの店で買う方がいくら安くなるか求めましょう。
　　　　　　　　　　　　　　　　　　　　　　各6点(12点)

① 500 円の弁当を買う。

（　　　　　　　　　）

② 800 円のケーキを買う。

（　　　　　　　　　）

❶がわからないときは、108 ページの❶にもどって確認してみよう。

18 いろいろなグラフ
① 円グラフ
② 帯グラフ
③ 円グラフと帯グラフのかき方

3分でまとめ

学習日　　　月　　　日

教科書 下119〜125ページ　答え 35ページ

✏ 次の□にあてはまる数を書きましょう。

◎ねらい 円グラフの読み方とかき方を理解しよう。　練習 ①

🐾 円グラフ

全体を1つの円の形に表したグラフを、**円グラフ**といいます。
円グラフは、ふつう割合の大きい順にかき、最後に「その他」をかきます。

**1** 右のグラフは、ある学校の運動クラブの種類別の人数の割合を表したものです。

(1) サッカー、バスケットボール、ソフトボールそれぞれのクラブの人数の割合は、全体の人数の何%ですか。

(2) その他のクラブの人数の割合は、全体の人数の何%ですか。また、全体の人数の何分の一ですか。

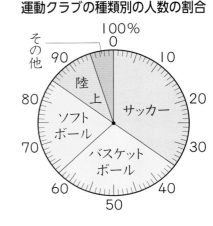

運動クラブの種類別の人数の割合

**解き方** (1) サッカークラブは ①□ %、バスケットボールクラブは ②□ %、ソフトボールクラブは ③□ % です。また、陸上クラブは10%です。

(2) その他のクラブの人数は、全体の人数の ①□ % で、全体の人数の ②□ 分の1です。

◎ねらい 帯グラフの読み方とかき方を理解しよう。　練習 ②

🐾 帯グラフ

全体を、1本の帯のような長方形に表したものを、**帯グラフ**といいます。

**2** 次のグラフは、ある家庭の1か月の種類別の支出の割合を表したものです。

1か月の種類別の支出の割合

0　10　20　30　40　50　60　70　80　90　100（%）

| 食費 | ひ服費 | 住居費 | 光熱費 | その他 |

(1) それぞれの支出の割合は、全体の支出の何%ですか。

(2) この月の支出は全部で300000円でした。食費は何円でしたか。

**解き方** (1) 食費は35%、ひ服費は ①□ %、住居費は ②□ %、光熱費は ③□ %、その他は ④□ % です。

(2) 食費は全体の35%だから、
①□ × ②□ = ③□ より、④□ 円です。

比べられる量
＝もとにする量×割合
だよ。

**1** 右のグラフは、図書室で本を借りた人数の割合を学年別に調べたものです。　教科書 120ページ **1**

学年別の図書室で本を借りた人数の割合

① 6年生で本を借りた人の割合は、全体の人数の何%ですか。

（　　　　　　　）

② 2年生で本を借りた人の割合は、全体の人数の何%ですか。

（　　　　　　　）

③ 3年生と4年生では、どちらの学年が本を借りた人数の割合が多いですか。

（　　　　　　　）

**2** 次の図は、5年生50人の飼ってみたいペットを調べてグラフに表したものです。

教科書 122ページ **1**、124ページ **1**

飼ってみたいペット

| 5年生 | 犬 | ねこ | ハムスター | 熱帯魚 | その他 |

① それぞれのペットを選んだ5年生の人数を、次の表にまとめましょう。

飼ってみたいペット（5年生）　　　（人）

| 犬 | ねこ | ハムスター | 熱帯魚 | その他 | 合計 |
|---|---|---|---|---|---|
| ㋐ | ㋑ | ㋒ | ㋓ | ㋔ | 50 |

② 右の表は、6年生60人の飼ってみたいペットを調べたものです。

それぞれのペットの割合を、小数第三位を四捨五入して百分率で求め、右の表を完成しましょう。

また、上の図で、帯グラフに表しましょう。ただし、5年生の飼ってみたいペットの順に合わせて表しましょう。

飼ってみたいペット（6年生）

| ペット | 人数（人） | 百分率（%） |
|---|---|---|
| 犬 | 10 | ㋕ |
| ねこ | 20 | ㋖ |
| ハムスター | 15 | ㋗ |
| 熱帯魚 | 6 | ㋘ |
| その他 | 9 | ㋙ |
| 合計 | 60 | ㋚ |

ヒント　**2** ① 比べられる量＝もとにする量×割合
② 割合＝比べられる量÷もとにする量

ぴったり3
確かめのテスト

18 いろいろなグラフ

時間 30 分

／100

合格 80 点

教科書 下 119〜127 ページ   答え 36 ページ

知識・技能

／100点

**1** 右の２つの円グラフは、ある年のももとメロンの都道府県別の収穫量の割合を表したものです。　各7点(28点)

ももの収穫量の割合

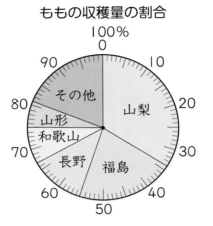

メロンの収穫量の割合

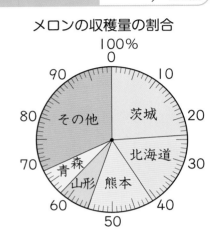

① 円グラフの水色（　　）の部分は、それぞれ全体の何％ですか。

もも（　　　　　　　）

メロン（　　　　　　　）

② この年の全国のももの収穫量は約 135000 t でした。
この年の山梨県のももの収穫量は約何 t ですか。

（　　　　　　　　　）

③ この年の茨城県のメロンの収穫量は約 39600 t でした。
この年の全国のメロンの収穫量は約何 t ですか。

（　　　　　　　　　）

**2** 次のグラフは、ある市の土地利用のようすを種類別に表したものです。　各7点(35点)

市の土地利用のようす

0　10　20　30　40　50　60　70　80　90　100（%）

| 住宅地 | 商業地 | 山林 | 耕地 | その他 |

① それぞれの土地の面積は、全体の面積の何％ですか。

住宅地（　　　　　　　）　商業地（　　　　　　　）

山林（　　　　　　　）　耕地（　　　　　　　）

② 土地全体の面積は 160 km² です。
住宅地の面積は何 km² ですか。

（　　　　　　　　　）

**できたらスゴイ！**

**❸** 次の表は、ある小学校の図書室にある本のさっ数を種類別に調べたものです。

全体のさっ数に対するそれぞれの割合を、小数第三位を四捨五入して求め、百分率で表に書き入れましょう。また、円グラフをかきましょう。

表・円グラフ 各8点(16点)

**図書室の本の種類別のさっ数と割合**

| 種類 | 物語 | 自然科学 | 社会 | 辞典 | その他 | 合計 |
|---|---|---|---|---|---|---|
| さっ数（さつ） | 784 | 463 | 280 | 166 | 357 | 2050 |
| 割合（%） | | | | | | |

**図書室の本の種類別のさっ数の割合**

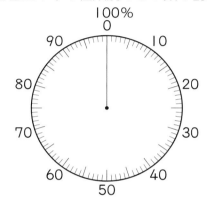

**❹** 右の表は、2020年の世界の地域別人口を調べた結果をまとめたものです。次の帯グラフは、1970年の世界の地域別人口の割合を表したものです。下の問いに答えましょう。

各7点(21点)

**2020年の世界の地域別人口の割合**

| | 百分率（%） |
|---|---|
| アジア | 59 |
| アフリカ | 17 |
| ヨーロッパ | 10 |
| 北アメリカ | 5 |
| その他 | 9 |

**世界の地域別人口の割合**

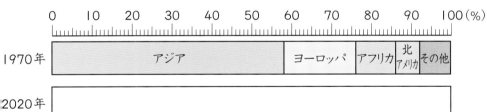

① 右の表を使い、2020年の世界の地域別人口の割合を、上の図の長方形で帯グラフに表しましょう。1970年の地域順に合わせて表し、地域のはしどうしを点線で結びましょう。

② 次の人口は約何億人ですか。四捨五入して億の単位で答えましょう。

㋐ 2020年の世界の総人口を78億4千万人とするとき、2020年のヨーロッパの人口。

（　　　　　　　）

㋑ 1970年のヨーロッパの人口を6億6千万人とするとき、1970年の世界の総人口。

（　　　　　　　）

 **❶**がわからないときは、112ページの**1**にもどって確認してみよう。

# ① 角柱と円柱

教科書 下 128〜133 ページ  答え 37 ページ

次の□にあてはまることばを書きましょう。

**ねらい** 角柱について理解しよう。  練習 ① ③

### 🐾 立体

平面でない曲がった面を**曲面**といいます。平面や曲面で囲まれた形を**立体**といいます。

### 🐾 角柱

右の図のような立体を**角柱**といいます。

角柱の平行な２つの合同な面を**底面**といい、まわりの長方形や正方形の面を**側面**といいます。

底面が三角形、四角形、五角形、…の角柱を、それぞれ、**三角柱**、**四角柱**、**五角柱**、…といいます。

立方体や直方体は、四角柱とみることができます。

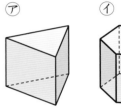

辺
底面
側面
頂点
底面
頂点

**1** 右のような立体があります。

(1) ㋐、㋑は何という立体ですか。

(2) ㋐、㋑の２つの底面はそれぞれどのような位置関係になっていますか。

(3) ㋐、㋑の側面はそれぞれどのような形ですか。

㋐  ㋑

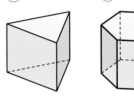

**解き方** (1) 底面の形から、㋐は□、㋑は□です。

(2) ㋐も㋑も、２つの底面は□になっています。

(3) ㋐も㋑も、側面の形は□です。

底面や側面の形は何かな。

**ねらい** 円柱について理解しよう。  練習 ②

### 🐾 円柱

右の図のような立体を**円柱**といいます。円柱の平行な２つの合同な円を**底面**といい、まわりの曲面を**側面**といいます。

### 🐾 高さ

角柱や円柱の２つの底面に垂直な直線の長さを、角柱や円柱の**高さ**といいます。

底面
側面
高さ
底面

**2** 円柱の２つの底面は、どのような位置関係になっていますか。また、まわりはどのような面で囲まれていますか。

**解き方** 円柱の２つの底面は①□になっています。

また、まわりを囲む面を②□といい、曲がった面の③□になっています。

教科書　下 128〜133 ページ　　答え　37 ページ

**1** 次のような立体について、下の表にあてはまる数やことばを書きましょう。

教科書　131 ページ ②

⑦ 　　　⑦ 　　　⑦ 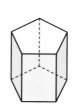　　　⑦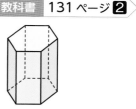

|  | ⑦ | ⑦ | ⑦ | ⑦ |
|---|---|---|---|---|
| 立体の名前 |  |  |  |  |
| 面の数 |  |  |  |  |
| 頂点の数 |  |  |  |  |
| 辺の数 |  |  |  |  |

**2** 右の図の立体で、色のついた１組の面は平行です。

教科書　132 ページ ③

① 平行な２つの面はどんな形ですか。また、合同ですか。

（　　　　　　　）（　　　　　　　）

② 何という立体ですか。

（　　　　　　　）

③ 平行な面に垂直な直線の長さを、何といいますか。

（　　　　　　　）

**3** 右の図の立体で、側面は長方形です。

教科書　133 ページ ▶

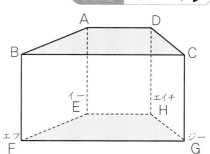

① 何という立体ですか。

（　　　　　　　）

② 面 ABCD と垂直な面はいくつありますか。

（　　　　　　　）

③ この立体の高さは、どの辺の長さを測ればわかりますか。
すべて書きましょう。

（　　　　　　　）

 ヒント　① □角柱の面の数は２＋□、頂点の数は□×２、辺の数は□×３
で求められます。

19 立体

② 見取図と展開図

教科書　下 134〜136 ページ　答え　37 ページ

✏ 次の ☐ にあてはまる辺や数、ことばを書きましょう。

◎ねらい　見取図がかけるようにしよう。　　　　　　　　練習 ①

🐾 見取図のかき方

　見取図は、全体の形がわかるようにかきます。

　見取図では、平行な辺は平行にかき、見えない辺は点線でかきます。

**1** 　右の図は、三角柱の見取図です。辺 AD と平行な辺はどれですか。また、辺 AC と平行な辺はどれですか。

解き方　見取図では、平行な辺は、平行にかいてあります。

　辺 AD と平行な辺は、辺 ☐① と辺 ☐② です。

　辺 AC と平行な辺は、辺 ☐③ です。

◎ねらい　展開図のかき方を理解しよう。　　　　　　　練習 ② ③

🐾 円柱の展開図

　円柱の側面の展開図は長方形で、たてが円柱の高さに等しく、横が底面の円の円周の長さに等しくなります。

**2** 　⑦は⑦の展開図です。辺 AB、直線 AD の長さは、それぞれ何 cm ですか。

解き方　角柱の側面を広げると、長方形になります。

　この長方形のたての長さは、角柱の高さと同じだから、辺 AB の長さは、☐① cm です。

　横の長さは、底面のまわりの長さと等しくなるから、直線 AD の長さは、3＋4＋2＝☐② (cm)です。

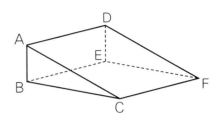

**3** 　⊕は⑦の展開図です。直線 EF、直線 EH の長さは、それぞれ何 cm ですか。

解き方　円柱の側面は曲面ですが、展開図では、☐① になります。

　この長方形のたての長さは、円柱の高さと同じだから、直線 EF の長さは、☐② cm です。

　横の長さは、底面の円の円周の長さに等しくなるから、直線 EH の長さは、

☐③ ×3.14＝☐④ (cm)です。

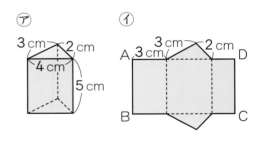

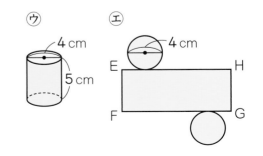

📖 教科書 下 134〜136 ページ　　▶ 答え 37 ページ

**1** 次の図のつづきをかいて、見取図を完成させましょう。

教科書 134ページ **1**

① 三角柱　　　② 円柱

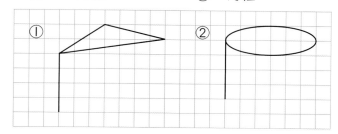

見えない辺は
点線でかこう。

**2** 次の図で、⑦は三角柱の見取図、①はその展開図です。

教科書 135ページ **2**

⑦

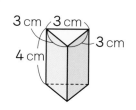

3 cm　3 cm　3 cm　4 cm

①

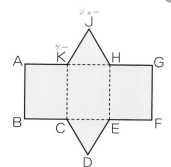

① 底面と側面は、それぞれ展開図のどの部分ですか。

　　底面（　　　　　　　　　　）　側面（　　　　　　　　　）

② 高さは、展開図のどこを見ればわかりますか。

　　　　　　　　　　　　　　（　　　　　　　　　）

③ 辺AB、直線AGの長さは、それぞれ何 cm ですか。

　　　　　　　AB（　　　　　　）　AG（　　　　　　）

**！まちがい注意**

④ 組み立てたとき、点Aに集まる点はどれですか。

　　　　　　　　　　　　　　（　　　　　　　　　）

**3** 右の図で、⑦は円柱の見取図、①はその展開図です。

展開図の直線AB、直線ADの長さは、それぞれ何 cm ですか。

教科書 136ページ **3**

⑦

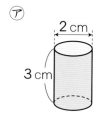

2 cm　3 cm

①

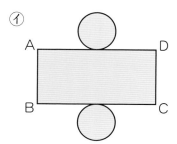

AB（　　　　　　　　）　　AD（　　　　　　　　）

ヒント　**2**・**3** 側面の展開図の長方形の横の長さは、底面のまわりの長さに等しくなります。

ぴったり3
確かめのテスト。

⑲ 立体

時間 30 分

/100

合格 80 点

教科書 下128〜139ページ　答え 38ページ

知識・技能　　　　　　　　　　　　　　　　　　　　　　　/70点

**1** よく出る 右のような立体について、次の問いに答えましょう。　　各4点(24点)

① 何という立体ですか。　　　　　　　　　（　　　　　　　）

② 面の数は、いくつありますか。　　　　　（　　　　　　　）

③ 頂点の数は、何個ありますか。　　　　　（　　　　　　　）

④ 辺の数は、何本ありますか。　　　　　　（　　　　　　　）

⑤ ⑦の面に平行な面はいくつありますか。　（　　　　　　　）

⑥ ⑦の面に垂直な面はいくつありますか。　（　　　　　　　）

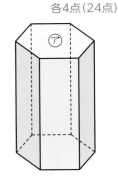

**2** よく出る 右のような立体について、次の問いに答えましょう。　　各4点(20点)

① 何という立体ですか。　　　　　　　　　（　　　　　　　）

② 底面の形を答えましょう。　　　　　　　（　　　　　　　）

③ 底面はいくつありますか。　　　　　　　（　　　　　　　）

④ 展開図をかくときの、側面の横の長さを求めましょう。円周率は
3.14 として計算し、小数第二位を四捨五入して小数第一位まで求めましょう。

（　　　　　　　）

⑤ 展開図をかくときの、側面のたての長さは、何 cm ですか。　（　　　　　　　）

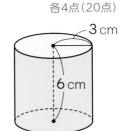

**3** 右の図は、三角柱の展開図です。次の問いに答えましょう。　　各4点(16点)

① 組み立ててできる三角柱の高さは何 cm ですか。

（　　　　　　　）

② 展開図を組み立てたとき、点Aに集まる点を答えましょう。

（　　　　　　　）

③ 次の辺の長さはそれぞれ何 cm ですか。

⑦ 辺AB　（　　　　　　　）

⑦ 辺DE　（　　　　　　　）

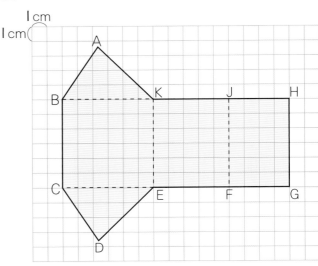

**4** 次の展開図を組み立てるとどんな立体ができますか。　各5点(10点)

①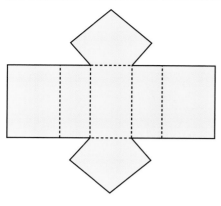

②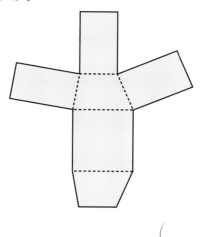

(　　　　　　　　)　　　　　　　　　(　　　　　　　　)

---

**思考・判断・表現**　　　　　　　　　　　　　　　　　　　／30点

**5** よく出る 次の立体の展開図をかきましょう。　各10点(20点)

① 底面が1辺2cmの正三角形で、高さが2.5cmの三角柱。

② 底面が半径1cmの円で、高さが2cmの円柱。

**6** 右の図のような長方形の厚紙で、辺ABと辺DCを合わせて円柱を作ります。底面を作るのに、直径何cmの円を用意すればよいですか。

のりしろは考えないものとして、円周率は3.14として計算し、小数第二位を四捨五入して小数第一位まで求めましょう。　式・答え 各5点(10点)

式

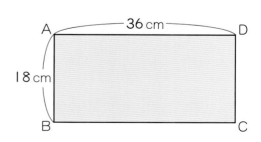

答え (　　　　　　　　)

ふりかえり 1がわからないときは、116ページの1にもどって確認してみよう。

この本の終わりにある「春のチャレンジテスト」をやってみよう！

教科書　下 140〜143 ページ　　答え　38 ページ

✎ 次の □ にあてはまる数や記号、ことばを書きましょう。

🎯 ねらい　データを分析して結論を出せるようになろう。　　　練習 ❶ ❷ ＊

**1** 次のグラフは、A市とB市の小学生の男子がなりたい職業を調べて、その割合を表したものです。

小学生の男子がなりたい職業の割合

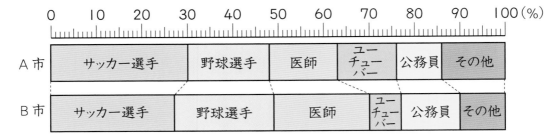

(1) 野球選手になりたい人の割合は、A市とB市ではどちらの方が多いといえますか。

(2) 野球選手になりたい人の人数は、A市とB市ではどちらの方が多いといえますか。

(3) A市の小学生の男子の人数は 2500 人、B市の小学生の男子の人数は 2000 人であることがわかりました。このとき、野球選手になりたい人の人数は、A市とB市ではどちらの方が多いといえますか。

解き方 (1) 帯グラフを読み取ると、野球選手になりたい人の割合は、

A市… ① ◻ ％

B市… ② ◻ ％

なので、 ③ ◻ 市の方が割合が多いといえます。

(2) 野球選手になりたい人の割合は ① ◻ 市の方が多いですが、A市でもB市でも、小学生の男子の ② ◻ がわからないので、どちらの市の方が人数が多いかは、判断できません。

(3) 野球選手になりたい人の人数を計算すると、

A市…2500× ① ◻ ＝ ② ◻ （人）

B市…2000× ③ ◻ ＝ ④ ◻ （人）

なので、 ⑤ ◻ 市の方が人数が多いといえます。

比べられる量
＝もとにする量×割合
だったね。

教科書 下 140〜143 ページ　答え 39 ページ

**1** 次の帯グラフは、2016 年から 2019 年までの 1 年ごとの学校の医務室を利用した児童数の合計と、そのうち、すりきずやきりきず、ねんざなど、けがの手当てを受けた児童の割合を表しています。

教科書 140 ページ 1

医務室を利用した
児童数の合計

☐ けがの手当てを受けた児童の割合
☐ けが以外の児童の割合

| 2016年 | 700人 | 40% | 60% |
| 2017年 | 700人 | 30% | 70% |
| 2018年 | 800人 | 20% | 80% |
| 2019年 | 900人 | 20% | 80% |

0　　　　　　50　　　　　　100%

① 2016 年と 2017 年を比べます。けがの手当てを受けた児童数が多いのは、どちらの年ですか。理由も書いて答えましょう。

(　　　　　　　　　　　　　　　　　　　　　　　　　)

② 2018 年と 2019 年を比べます。けがの手当てを受けた児童数が多いのは、どちらの年ですか。理由も書いて答えましょう。

(　　　　　　　　　　　　　　　　　　　　　　　　　)

**2** 次の表やグラフは、1980 年から 2020 年までの野菜の消費量と輸入率、輸入量を調べてまとめたものです。「輸入率」は消費量のうち、輸入した量がどのくらいかを割合で表したものです。グラフから、次のように考えました。

> グラフから、2000 年から 2010 年の間に 1 年あたりに増えた輸入率と、2010 年から 2020 年の間に 1 年あたりに増えた輸入率は、ほぼ同じといえます。

この考えは正しいといえますか。

教科書 142 ページ 2

**野菜の消費量と輸入率、輸入量**

| 年 | 1980 | 1990 | 2000 | 2010 | 2020 |
|---|---|---|---|---|---|
| 消費量（万t） | 1713 | 1739 | 1683 | 1451 | 1443 |
| 輸入率（%） | 2.9 | 8.9 | 18.5 | 19.2 | 20.7 |
| 輸入量（万t） | 50 | 155 | 312 | 278 | 299 |

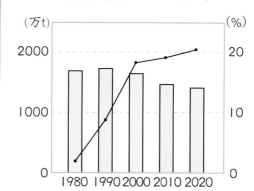

野菜の消費量と輸入率
☐ 消費量　—●— 輸入率

(　　　　　　　　　　　　　　　　　　　　　　　　　)

ヒント
**1** もとにする量が同じときや、割合が同じときの比べ方を考えます。
**2** 1 年あたりに何%増えているかを比べます。

123

**1** 次の数を求めましょう。 各5点(10点)

① 0.459 を 100 倍した数。

( 　　　　　 )

② 75.9 を $\frac{1}{100}$ にした数。

( 　　　　　 )

**2** 次の計算をしましょう。 各5点(20点)

① 0.8×0.6

② 2.78×6.5

③ 15÷0.2

④ 8.75÷3.5

**3** 次の計算をしましょう。 各5点(20点)

① $\frac{5}{6}+\frac{7}{8}$

② $\frac{2}{3}-\frac{7}{15}$

③ $1\frac{3}{4}+2\frac{7}{10}$

④ $3\frac{1}{6}-1\frac{11}{14}$

**4** 次の数を求めましょう。 各5点(20点)

① 50 から 100 までの整数の中にある 8 と 12 のすべての公倍数。

( 　　　　　 )

② 12 と 20 の最小公倍数。

( 　　　　　 )

③ 18 と 27 の最大公約数。

( 　　　　　 )

④ 12 と 18 と 30 の公約数を全部。

( 　　　　　 )

**5** 次の数を、大きい方から順にならべましょう。 (10点)

$\frac{3}{4}$ 　 $\frac{15}{6}$ 　 0.8 　 1.8 　 $1\frac{7}{8}$ 　 2.48

( 　　　　　 )

**6** 3.5 L の重さが 8.4 kg のさとうがあります。 式・答え 各5点(20点)

① このさとう 1L の重さは何 kg ですか。

式

答え ( 　　　　　 )

② このさとう 1.8 L の重さは何 kg ですか。

式

答え ( 　　　　　 )

**21** 5年のまとめ

**図形①**

学習日　月　日

時間 **20**分　/100

合格 **80**点

教科書　下146〜147ページ　答え　40ページ

**1** 次の2つの四角形は合同です。
次の◯にあてはまる記号を書きましょう。

各6点（18点）

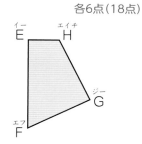

① 頂点Aに対応する頂点は、頂点 ☐ です。

② 辺BCに対応する辺は、辺 ☐ です。

③ 角Dに対応する角は、角 ☐ です。

**2** 次の⑦〜㋒の角の大きさを、計算で求めましょう。

各6点（30点）

①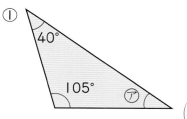

（　　　　）

②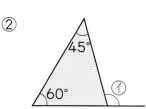

（　　　　）

③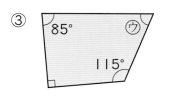

（　　　　）

④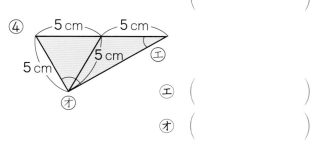

㋓（　　　　）

㋔（　　　　）

**3** 次の図形の面積を求めましょう。

式・答え 各5点（40点）

① 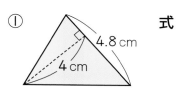　式

答え（　　　　　　）

② 平行四辺形 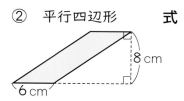　式

答え（　　　　　　）

③ 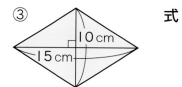　式

答え（　　　　　　）

④ 　式

答え（　　　　　　）

**4** 次の五角形の面積を求めましょう。

式・答え 各6点（12点）

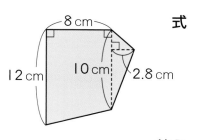　式

答え（　　　　　　）

まとめの テスト

㉑ 5年のまとめ
図形②

学習日　　月　日

時間 20分　／100
合格 80点

教科書　下 146～147 ページ　　答え　40～41 ページ

**1**　円の中心のまわりの角を 10 等分して、正十角形をかきました。　各8点(24点)

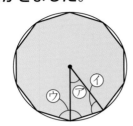

①　㋐、㋑の角度を求めましょう。

㋐(　　　　)　㋑(　　　　)

②　正十角形の 1 つの角㋒の角度を求めましょう。

(　　　　)

**2**　次の円の円周の長さを求めましょう。　各8点(16点)

①　直径 10 cm の円。

(　　　　)

②　半径 3.5 cm の円。

(　　　　)

**3**　次の図のような形の体積を求めましょう。　各10点(20点)

①

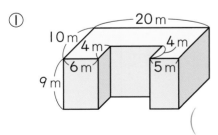

(　　　　)

②

20 cm
18 cm
25 cm
6 cm
32 cm

(　　　　)

**4**　九角柱について、次の問いに答えましょう。　各8点(16点)

①　頂点の数は何個ですか。

(　　　　)

②　辺の数は何本ですか。

(　　　　)

**5**　次の立体の展開図をかきましょう。　各12点(24点)

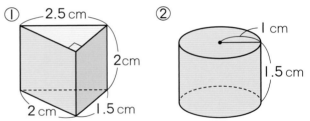

まとめのテスト

21 5年のまとめ
変化と関係・データの活用

学習日　　月　　日

時間 20分
／100
合格 80点

教科書　下 148〜149 ページ　答え 41〜42 ページ

## 1 1mの重さが6gのはり金があります。
①1つ2点 ②③各8点(24点)

① このはり金の長さと重さの関係を次の表にまとめましょう。

**はり金の長さと重さ**

| 長さ(m) | 1 | 2 | 3 | 4 | 5 | 6 |
|---|---|---|---|---|---|---|
| 重さ(g) | 6 | | 18 | | | |

② はり金の長さを□m、重さを○gとして、□と○の関係を式に書きましょう。

（　　　　　　　　）

③ 重さが63gのときの長さを求めましょう。

（　　　　　　　　）

## 2 6個のたまごの重さを調べたら、
60g、63g、54g、58g、62g、57g
でした。重さは1個平均何gですか。 (8点)

（　　　　　　　　）

## 3 水が5分間に20L出る水道があります。
たて40cm、横1mの水そうに、深さ40cmまで水を入れるのに、何分かかりますか。 (10点)

（　　　　　　　　）

## 4 ㋐の水そうには、300Lの水に金魚が20ぴき、㋑の水そうには、350Lの水に金魚が23びき入っています。どちらがこんでいますか。 (8点)

（　　　　　　　　）の水そう

## 5 次の□□にあてはまる数を書きましょう。
各6点(12点)

① 分速75mで40分歩くと、□□km進みます。

② 240kmはなれたところへ行くのに、時速48kmの自動車で走ると、□□時間かかります。

## 6 次の□□にあてはまる数を書きましょう。
各6点(30点)

① 42mは、56mの□□%です。

② 95人の120%は、□□人です。

③ □□円の85%は、1190円です。

④ 定価3000円のセーターを3割引きで買うと、代金は□□円です。

⑤ 1組の欠席者は2人でした。これは、クラス全体□□人の5%にあたります。

## 7 次の円グラフは、だいずの成分を表したものです。だいずを200g食べると、炭水化物が何gとれますか。 (8点)

だいずの成分

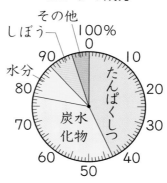

（　　　　　　　　）

127

すじ道を立てて考えよう

# プログラミングのプ

📖 教科書 ┃ 下 150〜151 ページ ┃ ➡ 答え ┃ 42 ページ

あきとさんとさなさんは、次の2つの指示を使ってこまを動かすことができます。2人はこまを動かした道すじによって、正方形や正三角形をかく手順について考えています。

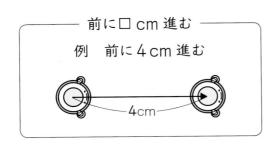

**1** あきとさんは、上の2つの指示を使ってこまを動かし、1辺の長さが6cmの正方形をかきました。
次の◯◯◯にあてはまる数を書きましょう。

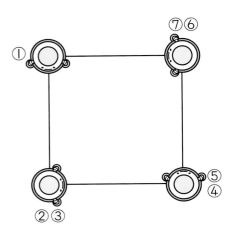

前に ① 6 cm 進む → 左に ② 90 °曲がる

→ 前に ③ ◯◯◯ cm 進む → 左に ④ ◯◯◯ °曲がる

→ 前に ⑤ ◯◯◯ cm 進む → 左に ⑥ ◯◯◯ °曲がる

→ 前に ⑦ ◯◯◯ cm 進む

**2** さなさんは、上の2つの指示を使ってこまを動かし、1辺の長さが9cmの正三角形をかきました。
次の◯◯◯にあてはまる数を書きましょう。

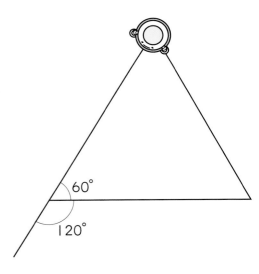

前に ① ◯◯◯ cm 進む → 左に ② ◯◯◯ °曲がる

→ 前に ③ ◯◯◯ cm 進む → 左に ④ ◯◯◯ °曲がる

→ 前に ⑤ ◯◯◯ cm 進む

学校図書版・小学算数5年

知識・技能　／82点

**1** 2.16 について、次の数を求めましょう。　各3点(6点)

① 10倍した数。

② $\frac{1}{100}$ にした数。

(　　　　　)　　(　　　　　)

**2** 次の2つの三角形は、合同です。　各3点(6点)

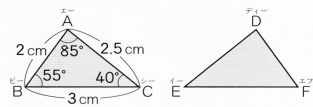

① 辺DEの長さは何cmですか。

(　　　　　)

② 角Eの大きさは何度ですか。

(　　　　　)

**3** 次の表は、5日間の5年生の欠席人数を表しています。1日平均何人欠席しましたか。　(4点)

### 欠席人数

| 曜日 | 月 | 火 | 水 | 木 | 金 |
|---|---|---|---|---|---|
| 欠席人数(人) | 6 | 3 | 4 | 0 | 1 |

(　　　　　)

**4** 12と20の最小公倍数と最大公約数を答えましょう。　各3点(6点)

最小公倍数 (　　　　　)

最大公約数 (　　　　　)

**5** 1個18円のあめ□個の代金を○円とします。

全部できて 1問3点(6点)

① □が1、2、3、…のときの、対応する○の値を求めて、表にまとめましょう。

### あめの数と代金

| あめの数□(個) | 1 | 2 | 3 | 4 | 5 | 6 |
|---|---|---|---|---|---|---|
| あめの代金○(円) | 18 | | | | | |

② あめの代金は、何に比例するといえますか。

(　　　　　)

**6** 次の表は、A町とB町の面積と人口を表しています。　各3点(6点)

### 面積と人口

| | 面積(km²) | 人口(人) |
|---|---|---|
| A町 | 168 | 9240 |
| B町 | 98 | 5680 |

① A町の人口密度を求めましょう。

(　　　　　)

② 人口密度が高いのはどちらの町ですか。

(　　　　　)

**7** 長さが7mで、ねだんが1050円のリボンがあります。　式・答え 各3点(12点)

① 1mあたりのねだんは何円ですか。

式

答え (　　　　　)

② 9mでは、何円になりますか。

式

答え (　　　　　)

**8** 次の計算を筆算でしましょう。　各3点(12点)

① 　2.5
　 ×4.6

② 　0.6
　 ×0.58

③ 　3.5⟌31.5

④ 　6.5⟌2.47

**9** 次のわり算で、商は整数で求め、あまりも出しましょう。　各3点(6点)

① 8.2÷1.8

② 7.4÷0.5

( 　　　　　　　 )　( 　　　　　　　 )

**10** 1辺の長さが2.7mの正方形の面積を求めましょう。　式・答え 各3点(6点)

式

答え ( 　　　　　　　 )

**11** 4本のえん筆があります。　各4点(12点)

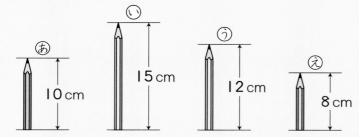

① ⓘの長さは、ⓐの長さの何倍ですか。

( 　　　　　　　 )

② ⓔの長さは、ⓐの長さの何倍ですか。

( 　　　　　　　 )

③ ⓤの長さの0.9倍のえん筆は、何cmですか。

( 　　　　　　　 )

**12** 次の三角形と合同な三角形をかきましょう。　(4点)

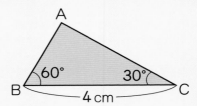

**13** 全部で6回のテストがあります。5回目までの点数は次の表のようになりました。

6回目のテストで何点とると、平均点が80点になりますか。　(4点)

テストの点数

| 回 | 1 | 2 | 3 | 4 | 5 | 6 |
|---|---|---|---|---|---|---|
| 点数(点) | 80 | 69 | 87 | 74 | 84 | ? |

( 　　　　　　　 )

**14** ある駅を、電車は10分おきに、バスは14分おきに発車しています。午前10時30分に、電車とバスが同時に出発しました。

次に同時に出発するのは、何時何分ですか。　(4点)

( 　　　　　　　 )

**15** 0.7mの重さが6.7gのはり金があります。

このはり金1mの重さは約何gですか。小数第二位を四捨五入して、小数第一位までのがい数で求めましょう。　式・答え 各3点(6点)

式

答え ( 　　　　　　　 )

冬のチャレンジテスト

教科書 上132〜下87ページ

名
前

月　　　日

時間
40分

合格80点
／100

答え44〜46ページ

## 知識・技能 ／81点

**1** 次の㋐〜㋓の角の大きさを、計算で求めましょう。

各2点(8点)

①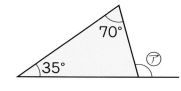

（　　　　）

② 二等辺三角形

（　　　　）

③

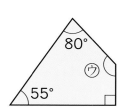

（　　　　）

④ 平行四辺形

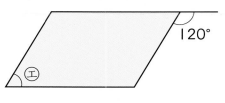

（　　　　）

**2** 七角形の7つの角の大きさの和は何度ですか。 (3点)

（　　　　）

**3** 秒速25mで走っている電車について、次の問いに答えましょう。 各3点(6点)

① 40秒間走ると、何m進みますか。

（　　　　）

② 4.5km進むのに、何分かかりますか。

（　　　　）

**4** 次の計算をしましょう。 各2点(12点)

① $\dfrac{2}{9}+\dfrac{7}{12}$

② $\dfrac{19}{15}-\dfrac{11}{10}$

③ $1\dfrac{1}{6}+1\dfrac{1}{8}$

④ $5\dfrac{5}{6}-2\dfrac{2}{3}$

⑤ $\dfrac{2}{3}+\dfrac{3}{4}-\dfrac{5}{6}$

⑥ $\dfrac{4}{5}-\dfrac{3}{10}+\dfrac{1}{4}$

**5** 次の商を分数で表しましょう。 各2点(4点)

① $6\div7$

② $17\div8$

（　　　　）　　（　　　　）

**6** 次の分数は小数に、小数は分数になおしましょう。 各2点(8点)

① $\dfrac{2}{5}$

② $\dfrac{5}{4}$

（　　　　）　　（　　　　）

③ 0.36

④ 1.7

（　　　　）　　（　　　　）

**7** 次の□にあてはまる等号か不等号を書きましょう。 各2点(8点)

① $\dfrac{2}{7}$ □ 0.3

② $\dfrac{9}{8}$ □ 1.1

③ 1.75 □ $1\dfrac{3}{4}$

④ 2.14 □ $2\dfrac{1}{6}$

## 8 次の割合を求めましょう。
式・答え 各2点(8点)

① 20題の問題のうち17題が正答だったときの、正答の割合。

式

答え（　　　　　　）

② サッカーの5試合で5回とも勝ったときの、勝った割合。

式

答え（　　　　　　）

## 9 割合を表す小数と百分率、歩合の関係をまとめます。あいているところをうめて、表を完成させましょう。
各1点(8点)

| 割合を表す小数 | 0.4 | 1.6 | ⑤ | ⑦ |
|---|---|---|---|---|
| 百分率 | ① | ③ | 74 % | ⑧ |
| 歩合 | ② | ④ | ⑥ | 1割8分3厘 |

## 10 次の三角形や四角形の面積を求めましょう。
式・答え 各2点(16点)

①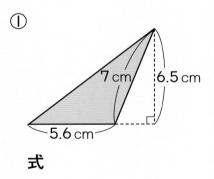

② 平行四辺形

式

式

答え（　　　　　　）　　答え（　　　　　　）

③ 台形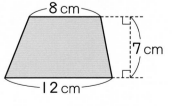

④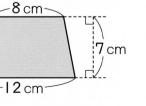

式

式

答え（　　　　　　）　　答え（　　　　　　）

---

## 11 半径2.5cmの円の円周の長さを求めましょう。円周率は3.14とします。
式・答え 各2点(4点)

式

答え（　　　　　　）

## 12 1両の定員が90人の電車があります。次のこみぐあいを、百分率で表しましょう。
各2点(4点)

① 1両目に72人が乗っているとき。

（　　　　　　）

② 2両目に117人が乗っているとき。

（　　　　　　）

## 13 次の図形の面積を求めましょう。
(3点)

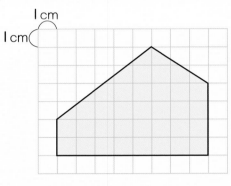

（　　　　　　）

## 14 正九角形の1つの角の大きさは何度ですか。
(4点)

（　　　　　　）

## 15 右の□の中に、4、5、6、7、8、9の数字から4つ選んで、1つずつ入れ、分数 $\frac{□}{□}+\frac{□}{□}$ を作って計算します。

答えがいちばん大きくなるときの計算の答えを求め、帯分数で表しましょう。
(4点)

（　　　　　　）

知識・技能 ／52点

## 1 次の直方体や立方体の体積を求めましょう。 各4点(8点)

①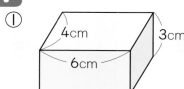

②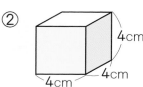

( ) ( )

## 2 次の ☐ にあてはまる数を書きましょう。 各2点(6点)

① 4L= ☐ cm³  ② 9m³= ☐ L

③ 730000 cm³= ☐ m³

## 3 右の図のような、厚さ2cmの鉄板でできた直方体の形の容器があります。

この容器の容積は何cm³ですか。
また、何Lですか。 各3点(6点)

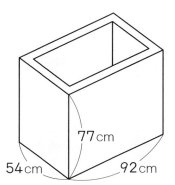

( cm³)

( L)

## 4 兄の体重は48kgで、弟の体重は、兄の体重の75%にあたるそうです。

弟の体重は何kgですか。 式・答え 各3点(6点)

式

答え ( )

## 5 あたりくじの割合が30%のくじを作ります。

あたりくじを18本にすると、くじは全部で何本になりますか。 式・答え 各3点(6点)

式

答え ( )

## 6 次の図のような立体があります。 各2点(14点)

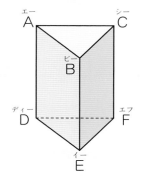

① 何という立体ですか。

( )

② 面、頂点、辺の数を、それぞれ求めましょう。

面 ( つ)

頂点 ( 個) 辺 ( 本)

③ 面ABCと平行な面は、どれですか。

( )

④ 面ABCと垂直な面は、いくつありますか。

( )

⑤ この立体の高さは、どの辺の長さを測ればわかりますか。

( )

**7** 次の展開図を組み立てるとどんな立体ができますか。

各3点(6点)

①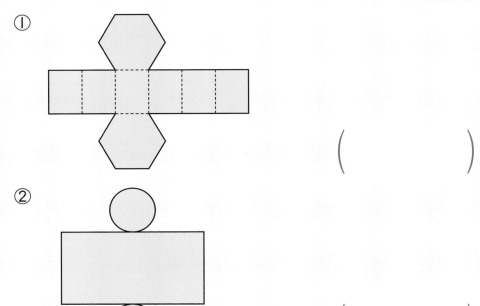

（　　　　　）

② 

（　　　　　）

**8** 次の図のような形の体積は何 m³ ですか。 式・答え 各3点(6点)

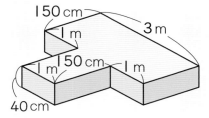

式

答え（　　　　　）

**9** 定価 2000 円のかばんを、北店では 400 円安くして売り、南店では 15 ％引きで売っています。

どちらの店の方が、何円安いですか。 式・答え 各3点(6点)

式

答え（　　　　　）

**10** けんやさんの学校の５年生の人数は、去年は 160 人で、今年は５％増えています。また、去年の５年生女子の人数は 85 人で、今年は 4 人減りました。今年の５年生男子の人数は、去年の５年生男子の人数の何％ですか。 式・答え 各3点(6点)

式

答え（　　　　　）

**11** 次のグラフは、はるなさんの学校の 550 人の児童の家族の人数を調べて、その割合をグラフに表したものです。

式・答え 各3点(12点)

家族の人数の割合

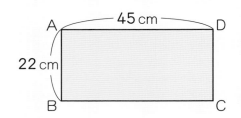

① ４人家族の児童数は、３人家族の児童数の何倍ですか。

式

答え（　　　　　）

② ５人家族の児童数は何人ですか。

式

答え（　　　　　）

**12** 右の図のような長方形の厚紙で、辺 AB と辺 DC を合わせて円柱をつくります。

底面をつくるのに、半径が約何 cm の円を用意すればよいですか。

のりしろは考えないものとして、円周率は 3.14 として計算し、小数第二位を四捨五入して小数第一位まで求めましょう。 式・答え 各4点(8点)

式

答え（　　　　　）

**13** 次の表は、まさみさんの家の農作物によるしゅう入を種類別に調べたものです。割合を求めて円グラフに表しましょう。割合は、百分率を、四捨五入して整数で求め、表に書き入れましょう。 割合・円グラフ 各5点(10点)

農作物によるしゅう入と割合

| | 米 | 野菜 | くだもの | 麦 | その他 | 合計 |
|---|---|---|---|---|---|---|
| しゅう入（万円） | 270 | 193 | 84 | 59 | 94 | 700 |
| 割合(%) | | | | | | |

農作物によるしゅう入の割合

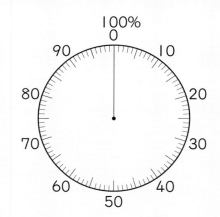

**5年**
算数のまとめ

# 学力診断テスト

名前

月　日

⏱時間 **40分**

合格80点
／100

答え**48**ページ ➡

---

**1** 次の数を書きましょう。　　　　　各2点(4点)

① 0.68 を 100 倍した数　（　　　　　）

② 6.34 を $\frac{1}{10}$ にした数　（　　　　　）

**2** 次の計算をしましょう。④はわり切れるまで計算しましょう。　　　　　各2点(12点)

①　　0.2 3
　×　1.9

②　　　3.4
　×6.0 5

③　0.4 ) 6 2.4

④　4.8 ) 1 5.6

⑤ $\frac{2}{3} + \frac{8}{15}$

⑥ $\frac{7}{15} - \frac{3}{10}$

**3** 次の数を、大きい順に書きましょう。　　　（全部できて 3点）

$\frac{5}{2}$、$\frac{3}{4}$、0.5、2、$1\frac{1}{3}$

（　　　　　　　　　　　）

**4** 次の⑤～⑤の速さを、速い順に記号で答えましょう。　　　　　（全部できて 3点）

⑤　秒速 15 m　　⑥　分速 750 m　　⑦　時速 60 km

（　　→　　→　　）

**5** 次の問題に答えましょう。　　　各3点(6点)

① 9、12 のどちらでわってもわり切れる数のうち、いちばん小さい整数を答えましょう。

（　　　　　）

② 5年2組は、5年1組より1人多いそうです。5年2組の人数が偶数のとき、5年1組の人数は偶数ですか、奇数ですか。

（　　　　　）

---

**6** えん筆が24本、消しゴムが18個あります。えん筆も消しゴムもあまりが出ないように、できるだけ多くの人に同じ数ずつ分けます。　　　各3点(9点)

① 何人に分けることができますか。（　　　　　）

② ①のとき、1人分のえん筆は何本で、消しゴムは何個になりますか。

えん筆 （　　　　　）　消しゴム （　　　　　）

**7** 右のような台形ABCDがあります。
各3点(6点)

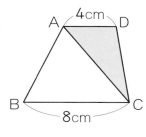

① 三角形ACDの面積は 12 cm² です。台形ABCDの高さは何 cm ですか。

（　　　　　）

② この台形の面積を求めましょう。

（　　　　　）

**8** 右のような立体の体積を求めましょう。　　　　　(3点)

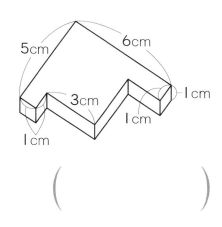

（　　　　　）

**9** 右のてん開図について答えましょう。　　　各3点(9点)

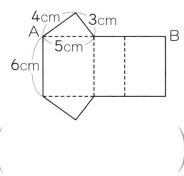

① 何という立体のてん開図ですか。

（　　　　　）

② この立体の高さは何 cm ですか。

（　　　　　）

③ ABの長さは何 cm ですか。

（　　　　　）

**10** 右の三角形と合同な三角形を
かこうと思います。辺ABの長さ
と角Aの大きさはわかっています。
　あと１つどこをはかれば、必ず
右の三角形と同じ三角形をかくことができますか。下の
□□□からあてはまるものをすべて答えましょう。

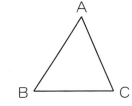

(全部できて 3点)

> 辺BC　　辺AC　　角B

(　　　　　　　　　　　　　)

**11** 正五角形の１つの角の大きさは
何度ですか。　　　　　　　(3点)

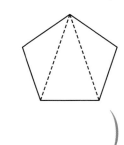

(　　　　　　　　　　　　　)

**12** お茶が、これまでよりも 20% 増量して１本 600mL で
売られています。
　これまで売られていたお茶は、１本何 mL でしたか。 (3点)

(　　　　　　　　　　　　　)

**13** 次の表は、ある町の農作物の生産量を調べたものです。

①式・答え 各3点、②③全部できて 各3点(12点)

**ある町の農作物の生産量**

| 農作物の種類 | 米 | 麦 | みかん | ピーマン | その他 | 合計 |
|---|---|---|---|---|---|---|
| 生産量(t) | 315 | | | 72 | 108 | |
| わりあい 割合(%) | | 25 | 20 | 8 | | 100 |

① 生産量の合計は何 t ですか。
　式

　　　　　　　　答え (　　　　　　　　)

② 表のあいている部分をうめましょう。

③ 種類別の生産量の割合を円グラフに表しましょう。

**ある町の農作物の生産量**

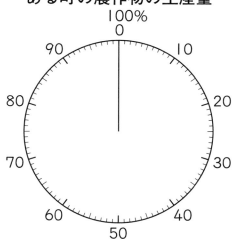

---

**14** 右の表は、5年１組
から４組までのそれぞれ
の花だんの面積と花の本
数を表したものです。

①式・答え 各3点、②3点(9点)

**5年生の花だんの面積と花の本数**

| | 面積(m²) | 花の本数(本) |
|---|---|---|
| 1組 | 9 | 7 |
| 2組 | 8 | 6 |
| 3組 | 12 | 13 |
| 4組 | 12 | 9 |

① 花の本数は、１つの
組平均何本ですか。
　式

　　　　　　　　答え (　　　　　　　　)

② 次の㋐〜㋒の文章で、内容がまちがっているものを答え
ましょう。

　㋐ 　１組の花だんよりも４組の花だんのほうが、花の本数
が多いので、こんでいる。

　㋑ 　２組の花だんと４組の花だんは、１m² あたりの花の
本数が同じなので、こみぐあいは同じである。

　㋒ 　３組の花だんと４組の花だんは、面積が同じなので、
花の本数が多い３組のほうがこんでいる。

(　　　　　　　　　　　　　)

**15** 円の直径の長さと、円周の長さの関係について答えま
しょう。円周率は 3.14 とします。

①全部できて 3点、②〜④(　)各3点(15点)

① 下の表を完成させましょう。

| 直径の長さ(○cm) | 1 | 2 | 3 | 4 | |
|---|---|---|---|---|---|
| 円周の長さ(△cm) | | | | | |

② 直径の長さを○ cm、円周の長さを△ cm として、○と
△の関係を式に表しましょう。　(　　　　　　　　)

③ 直径の長さと円周の長さはどのような関係にあるといえ
ますか。
　　　　　　　　(　　　　　　　　)

④ 下の図のように、同じ大きさの３つの円が直線アイ上に
ならんでいます。このうちの１つの円の円周の長さと直線
アイの長さとでは、どちらが短いですか。そう考えたわけ
も書きましょう。

短いのは (　　　　　　　　)

わけ (　　　　　　　　　　　　　　　　)

# 教科書ぴったりトレーニング

# 答えとてびき

## 学校図書版　算数5年

🏠 **おうちのかたへ** では、次のようなものを示しています。

・学習のねらいやポイント
・他の学年や他の単元の学習内容とのつながり
・まちがいやすいことやつまずきやすいところ
お子様への説明や、学習内容の把握などにご活用ください。

⏰ **しあげの5分レッスン** では、
学習の最後に取り組む内容を示しています。
学習をふりかえることで学力の定着を図ります。

**答え合わせの時間短縮に** 丸つけラクラク解答 **デジタルもご活用ください！**

右の QR コードをスマートフォンなどで読み取ると、
赤字解答の入った本文紙面を見ながら簡単に答え合わせができます。

丸つけラクラク解答デジタルは以下の URL からも確認できます。
https://www.shinko-keirinwebshop.com/shinko/2024pt/rakurakudegi/MGT5da/index.html

※丸つけラクラク解答デジタルは無料でご利用いただけますが、通信料金はお客様のご負担となります。
※QR コードは株式会社デンソーウェーブの登録商標です。

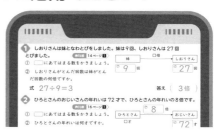

# 1 小数と整数

## ぴったり1 準備　2ページ

1 ①5　②5.0123456789
2 ①17.48　②174.8　③1748
3 ①17.4　②1.74

## ぴったり2 練習　3ページ

**てびき**

1 ①10　②10　③9

1 1が10個集まると10、10が10個集まると100、…のように、整数も小数も10個集まると位が1つ上がり、10等分すると位が1つ下がるというしくみになっています。

2 ①1.2345　②5432.1

2 小数点が左はしや右はしにくることはないので、小さい数は□.□□□□、大きい数は□□□□.□の形になります。

3　10倍…38.12
　　100倍…381.2
　　1000倍…3812

3 ある数を10倍、100倍、1000倍、…すると、もとの数の小数点を、それぞれ右へ1けた、2けた、3けた、…移した数になります。

4　$\frac{1}{10}$…28.13
　　$\frac{1}{100}$…2.813

4 ある数を$\frac{1}{10}$、$\frac{1}{100}$、…にした数は、もとの数の小数点をそれぞれ左へ1けた、2けた、…移した数になります。

**1** ①上がり　②下がり　③小数点

**2** ①⑦10　⑦1　⑦0.1
②⑦0.01　⑦0.001

**3** ①6.13　②9.8　③15　④0.501　⑤3.904

**4** ①35.82　②358.2　③7.5　④0.75

**5** ①10倍　②$\frac{1}{100}$

**6** ①0.2065　②3.07　③184

**7** ①1.3589　②9853.1　③3.1589

**8** ①20.467　②76.402

> ⌂おうちのかたへ　整数と小数が同じ位取りの考えで表されることの理解が大切です。小数に対する苦手意識の克服を目指しましょう。

**2** ①63.2 は 10 を6個、1を3個、0.1 を2個合わせた数です。
②0.074 は 0.01 を7個、0.001 を4個合わせた数です。

**3** ①②③整数や小数を 10 倍、100 倍、1000 倍すると、小数点をそれぞれ右へ1けた、2けた、3けた移した数になります。
④⑤整数や小数を $\frac{1}{10}$、$\frac{1}{100}$ にすると、小数点をそれぞれ左へ1けた、2けた移した数になります。

**4** ①②小数点を右へ1けた、2けた移します。
③④小数点を左へ1けた、2けた移します。

**5** ①小数点が右へ1けた移っています。
②小数点が左へ2けた移っています。

**6** ①ある数を 1000 倍したことになります。
②ある数を 10 倍したことになります。
③ある数を $\frac{1}{1000}$ にしたことになります。

**7** ①□.□□□□の形になります。
②□□□□.□の形になります。
③3.□□□□の形になります。

**8** ①十の位に⓪を使えないので、2番目に小さい②をおきます。あとは、小さい順にならべます。
②数字を大きい順にならべると、⑦⑥.④②⓪になりますが、小数第三位に⓪はおけないので②と⓪を入れかえます。

## 2 合同な図形

**1** (1)①D　②D　(2)①DF　②DF　(3)①E　②E
**2** ①3つの辺の長さ　②その間の角の大きさ　③その両はしの角の大きさ

**1** ①H　②HG　③E

**2** ①辺CB、3.5 cm
②角A、55°

**1** 2つの四角形は、一方をうら返すとぴったり重なります。
②頂点Aに対応するのは頂点H、頂点Bに対応するのは頂点Gだから、辺ABに対応するのは辺HGです。記号の順番は対応する順に書くので、辺GHとしないように注意しましょう。

**2** ⑦の三角形をうら返すと、頂点Aは頂点Fに、頂点Bは頂点Eに、頂点Cは頂点Dに重なります。

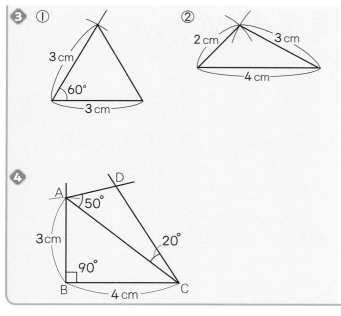

**❸** ①

**②**

**❹**

---

**❸** ①⑦ 3cm の辺をかきます。

　①⑦の１つのはしから、60°の角をかきます。

　⑦①の直線で、頂点から3cmの点をとります。

　①⑦の点と⑦のもう一方のはしを結びます。

②⑦ 4cm の辺をかきます。

　①⑦の１つのはしを中心にして、半径2cmの円をかきます。

　⑦⑦のもう一方のはしを中心にして、半径3cmの円をかきます。

　①①と⑦の交わった点と⑦の２つのはしを結びます。

**❹** 合同な四角形は、対角線で２つの三角形に分けると、合同な三角形のかき方を使ってかくことができます。

---

ぴったり3 **確かめのテスト** 　8〜9ページ

　　　　　　　　　　　　　　　　　てびき

**❶** ⑦と⑦（⑦と⑦は入れかわってもよい）

　⑦と⑦（⑦と⑦は入れかわってもよい）

**❷** ①頂点F　②辺ED

**❸** ①

**②**

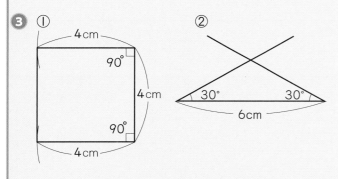

**❹** ①

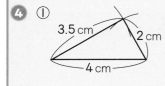

**②**

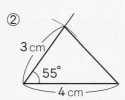

③

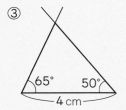

---

**❶** 合同な図形はぴったり重なるから、対応する辺の長さや角の大きさが等しくなります。

**❷** 三角形EFDを回すと、三角形ABCとぴったり重なります。

②頂点Aに対応するのは頂点E、頂点Cに対応するのは頂点Dだから、辺ACに対応するのは辺EDです。記号の順番は対応する順に書くので、辺DEとしないように注意しましょう。

**❸** ①⑦長さ4cmの辺をかきます。

　①⑦の両はしから、それぞれ90°の角をかきます。

　⑦①でかいた２つの直線で、それぞれの頂点から4cmの点をとります。

　①⑦の２点を結びます。

②⑦長さ6cmの辺をかきます。

　①⑦の両はしから、それぞれ30°の角をかきます。

　⑦①の２本の直線が交わった点が３つ目の頂点です。

**❹** ①⑦4cmの辺をかきます。

　①⑦の１つのはしを中心にして、半径3.5cmの円をかきます。

　⑦⑦のもう一方のはしを中心にして、半径2cmの円をかきます。

　①①と⑦の交わった点と⑦の２つのはしを結びます。

②⑦4cmの辺をかきます。

　①⑦の１つのはしから、55°の角をかきます。

　⑦①の直線で、頂点から3cmの点をとります。

　①⑦の点と⑦のもう一方のはしを結びます。

③⑦4cmの辺をかきます。

　①⑦の１つのはしから、65°の角をかきます。

　⑦⑦のもう一方のはしから50°の角をかきます。

　①①と⑦の交わった点が３つ目の頂点です。

⑤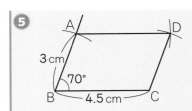

⑥ ①辺HE　②4.3 cm　③70°

⑦ ①AB（BA）　②⑦　③⑦　④AD（DA）

🏠 **おうちのかたへ**　算数で使う「合同」は、日常使うときの意味と違います。きちんと区別してください。

⏱ **しあげの5分レッスン**　きまりや約束がいくつもあります。合同な図形をかく練習をくり返し、身につけるとよいでしょう。

⑤ 平行四辺形は、向かい合っている辺の長さが等しいので、次のようにしてかきます。
　①4.5 cm の辺BCをかきます。
　②頂点Bから、70°の角をかきます。
　③②の直線で、頂点Bから3cm の点を頂点Aとします。
　④頂点Aを中心にして、半径4.5 cm の円をかきます。
　⑤頂点Cを中心にして、半径3cm の円をかきます。
　⑥④と⑤の交わった点を頂点Dとして、AとD、CとDをそれぞれ結びます。

⑥ ①頂点Aに対応するのは頂点H、頂点Dに対応するのは頂点Eだから、辺ADに対応するのは辺HEです。
　②頂点Gに対応するのは頂点B、頂点Hに対応するのは頂点Aだから、辺GHに対応するのは辺BAで、その長さは4.3 cm です。
　③角Fに対応するのは角Cだから、角Fの大きさは70°です。

⑦ 残りの三角形ABDと合同な三角形をかきます。
　①三角形の3つの辺の長さを測ってかきます。
　②三角形の1つの辺の長さとその両はしの角度を測ってかきます。
　③④三角形の2つの辺の長さとその間の角度を測ってかきます。

# ③ 比例

**ぴったり① 準備　10ページ**

① (1)①30　②20　③10　④0
　(2)⑦かごのりんごの数　①箱のりんごの数　（⑦と①は入れかわってもよい）
　(3)減り

② (1)①15　②20　③25　(2)増え

**ぴったり② 練習　11ページ**　　　　**てびき**

❶ ①60÷2＝30　　　　　　　　　答え　30 cm

②
| たての長さ(cm) | 5 | 10 | 15 | 20 | 25 |
|---|---|---|---|---|---|
| 横の長さ(cm) | 25 | 20 | 15 | 10 | 5 |

③たての長さと横の長さ　④減る

❷ ①
| たての長さ(cm) | 1 | 2 | 3 | 6 | 12 |
|---|---|---|---|---|---|
| 横の長さ(cm) | 12 | 6 | 4 | 2 | 1 |

②減る

❸ ①
| はり金の長さ(m) | 1 | 2 | 3 | 4 | 5 |
|---|---|---|---|---|---|
| はり金の重さ(g) | 25 | 50 | 75 | 100 | 125 |

②増える

❶ ①たてと横の長さの和は、まわりの長さの半分になります。
　②たて＋横＝30（cm）なので、
　　横＝30－たてになります。

❷ 長方形の面積＝たて×横なので、
　横＝12÷たてになります。

❸ はり金の重さ＝1mの重さ×はり金の長さになります。

**1** (1)①100　②150　③200
　(2)㋐2　㋑3　㋒リボンの長さ
**2** (1)㋐横の長さ　㋑4　(2)①16　②24　③32
　(3)㋐2　㋑3　㋒横の長さ

**1** ①

| 本数□(本) | 1 | 2 | 3 | 4 |
|---|---|---|---|---|
| 代金○(円) | 80 | 160 | 240 | 320 |

②○=80×□
③えん筆の本数
④80×7=560　　　　　　　答え　560円
⑤2400÷80=30　　　　　　答え　30本

**2** ①○=□×3
②

| 1辺の長さ□(cm) | 1 | 2 | 3 | 4 | 5 | 6 |
|---|---|---|---|---|---|---|
| まわりの長さ○(cm) | 3 | 6 | 9 | 12 | 15 | 18 |

③比例するといえる。
④48÷3=16　　　　　　　答え　16cm

**1** 代金=1本のねだん×本数になります。
　③本数が2倍、3倍、…になると、代金も2倍、
　　3倍、…になるので、えん筆の代金は、えん筆の
　　本数に比例しているといえます。
　④代金=80×本数にあてはめると、
　　代金=80×7=560(円)
　⑤2400=80×本数
　　本数=2400÷80=30(本)

**2** 正三角形のまわりの長さ=1辺の長さ×3
　になります。
　③1辺の長さが2倍、3倍、…になると、まわりの
　　長さも2倍、3倍、…になるから、まわりの長さ
　　は、1辺の長さに比例します。
　④48=□×3
　　□=48÷3=16(cm)

**1** ㋐、○=□×4
　㋔、○=130×□
**2** ①

| 長さ□(m) | 1 | 2 | 3 | 4 | 5 | 6 |
|---|---|---|---|---|---|---|
| 重さ○(g) | 15 | 30 | 45 | 60 | 75 | 90 |

②重さが長さに比例している。
③15
④○=15×□
⑤15×8=120　　　　　　　答え　120g
⑥300÷15=20　　　　　　答え　20m
**3** ①

| 水を入れる時間□(分) | 1 | 2 | 3 | 4 | 5 | 6 |
|---|---|---|---|---|---|---|
| 水の深さ○(cm) | 4 | 8 | 12 | 16 | 20 | 24 |

②○=4×□
③比例するといえる。
④4×12=48　　　　　　　答え　48cm
⑤60÷4=15　　　　　　　答え　15分
**4** ①○=□×8
②

| たての長さ□(cm) | 3 | 6 | 9 | 12 | 15 | 18 |
|---|---|---|---|---|---|---|
| 面積○(cm²) | 24 | 48 | 72 | 96 | 120 | 144 |

③比例するといえる。
　理由…たての長さが2倍、3倍、…になると、
　　　　面積も2倍、3倍、…になっているから。

**1** ㋑の式は、○=30÷□
　㋒の式は、○=150−□になります。
**2** 重さ=1mの重さ×長さ
　になります。
　⑥300=15×□
　　□=300÷15=20(m)

**3** 水の深さ=4×時間
　になります。
　③時間が2倍、3倍、…になると、
　　深さも2倍、3倍、…になっています。
　⑤60=4×□
　　□=60÷4=15(分)

**4** 長方形の面積=たて×横
　この問題では、上の公式で、たての長さと面積がと
　もなって変わる2つの量です。
　変わらないものは横の長さです。

# 4 平均

**1** ①110 ②106 ③108 ④120 （①〜④はどの順でもよい）
⑤444 ⑥444 ⑦4 ⑧111 ⑨111
**2** ①2 ②3 ③0 ④5 ⑤4 （①〜⑤はどの順でもよい）
⑥14 ⑦14 ⑧5 ⑨2.8 ⑩2.8

**てびき**

**1** $(9+3+7+5)÷4=6$ 　　答え 6dL

**2** $(2+5+6+0+4)÷5=3.4$ 　答え 3.4さつ

**3** ①1ぱん $(6+9+7+8+9)÷5=7.8$
　　　　　　　　　　　答え 7.8点
　　2はん $(8+7+9+6+7+8)÷6=7.5$
　　　　　　　　　　　答え 7.5点
②1ぱん

**4** $(0+1+5+2)÷4=2$
$73+2=75$ 　　　　答え 75g

**1** 平均＝合計÷個数を使って求めます。

**2** 読んだ本の数が0さつの月も月数に入れます。
本のさっ数のように、小数で表せないものでも、平均は小数で表すことがあります。

**3** 1人平均何点とったかを、平均点といいます。
1ぱんと2はんでは人数がちがうため、点数の合計で比べることはできないので、平均点で比べます。
平均点も小数で表すことがあります。

**4** いちばん軽いたまごを基準の0gにして、残りの3個のたまごが基準より何g重いかを表します。
その平均を求めて基準にしたたまごの重さにたします。

**てびき**

**1** $(98+102+95+110+100+99+96)÷7$
$=100$ 　　　　　答え 100g

**2** ①$(36+40+52+37+45)÷5=42$
　　　　　　　　　答え 42人
②$42×20=840$ 　答え 840人

**3** ①5回
②3組

**4** 2組

**5** ①$(5.55+5.27+5.32+5.18)÷4=5.33$
　$5.33÷10=0.533$ 　答え 約0.53m
②$0.53×1132=599.96$ 　答え 約600m

**6** $(18+10+20)÷3=16$ 　答え 3m16cm

**7** $20×7=140$ 　　$18×6=108$
$140-108=32$ 　　　答え 32題

**1** 平均＝合計÷個数で求めます。

**2** ①平均＝合計÷日数で求めます。
②合計＝平均×日数で求めます。

**3** ①4日間の平均を求めます。$(4+6+3+7)÷4=5$
②1組 $(3+4+4+5+6)÷5=4.4$
　2組 $(5+3+4+4+3)÷5=3.8$

**4** つった魚の数の平均を求めます。
1組は、$81÷18=4.5$（ひき）
2組は、$69÷15=4.6$（ぴき）
平均を比べると、2組の方が多いです。

**5** ①5mを基準にして求めることもできます。
　$(0.55+0.27+0.32+0.18)÷4=0.33$
　$5+0.33=5.33$ 　$5.33÷10=0.533$
②道のり＝歩はば×歩数

**6** 大きくはなれた値があるときは、結果にえいきょうすることがあるため、のぞいて計算した方がよい場合があります。3回目の85cmは失敗したと考えられるので、この値をのぞいて平均を求めます。
3mを基準にして計算するとよいでしょう。

**7** 7日間の目標題数（$20×7$）から、6日間の題数の合計（$18×6$）をひいて求めます。1つの式で表すと、$20×7-18×6=32$ になります。

# 5 倍数と約数

**ぴったり1 準備** 　**20ページ**

**1** (1)①11　②奇数　③11　④10
(2)こうご
(3)①12　②14　③16　④18　⑤偶数

**2** ①偶数　②奇数　③6　④13　⑤16　⑥63
⑦140　⑧312　⑨32　⑩126　⑪624　⑫281

**ぴったり2 練習** 　**21ページ**

**てびき**

**1** ①8　②13　③27　④36

**2** ①奇数　②偶数　③偶数　④奇数　⑤偶数
⑥奇数

**3** ①⑦2　①1　⑤2　①偶数
②偶数
③奇数

**1** □はもとの数を2でわった商になります。
①17÷2＝8あまり1→17＝2×8＋1
②26÷2＝13→26＝2×13
③54÷2＝27→54＝2×27
④73÷2＝36あまり1→73＝2×36＋1

**2** 一の位の数が0、2、4、6、8のとき偶数、
一の位の数が1、3、5、7、9のとき奇数です。

**3** ② ▦ ＋ ▦ ＝ ▦ だけになり
ます。
③ ▦ ＋ ▦ ＝ ▦ がいくつか
と ● になります。

**ぴったり1 準備** 　**22ページ**

**1** ①4　②8　③12　④4　⑤4

**2** ①8　②12　③16　④12　⑤18　⑥24　⑦16　⑧24　⑨32
(1)①12　②12　③24　④36
(2)①24　②24　③48　④72

**ぴったり2 練習** 　**23ページ**

**てびき**

**1** ①2、4、6、8、10
②21、42、63、84、105

**2** ①1、3、5、15
②1、2、4、7、14、28

**3** ①8、16、24、32　　最小公倍数　8
②36、72、108、144　最小公倍数　36
③30、60、90、120　最小公倍数　30
④48、96、144、192　最小公倍数　48

**4** 15cm

**1** ①2×1、2×2、2×3、2×4、2×5
②21×1、21×2、21×3、21×4、21×5

**2** ①15＝1×15　　15＝3×5　　15＝5×3
15＝15×1
②28＝1×28　　28＝2×14　　28＝4×7
28＝7×4　　28＝14×2　　28＝28×1

**3** 大きい方の数の倍数が、小さい方の数でわり切れる
かどうかで判断することもできます。

| ①8の倍数 | 8、16、24、32、40、… |
|---|---|
| 4でわり切れる | ○　○　○　○　○　… |
| 公倍数 | 8、16、24、32、40、… |

| ③5の倍数 | 5、10、15、20、25、30、… |
|---|---|
| 2でわり切れる | ×　○　×　○　×　○　… |
| 3でわり切れる | ×　×　○　×　×　○　… |
| 公倍数 | 30、60、90、120、… |

**4** 3と5の最小公倍数を求めると、15です。

7

① ①2　②4　③7　④14
② ①3　②4　③6　④4　⑤8　⑥3　⑦4　⑧6　⑨8　⑩12
　　(1)①2　②4　③8　④8　(2)①2　②4　③4

❶ ①1、3、5、15
　②1、2、4、5、10、20
　③1、23
❷ ①1、3、9　　　最大公約数　9
　②1、2、3、6　　最大公約数　6
　③1、3　　　　　最大公約数　3
　④1　　　　　　　最大公約数　1

❸ 1cm、3cm、9cm
❹ 4人

❶ どんな整数でも、約数には1とその数自身が入ります。

❷ ①9の約数　　1、3、9
　　27の約数　　1、3、9、27
　　公約数　　　1、3、9
　②18の約数　　1、2、3、6、9、18
　　30の約数　　1、2、3、5、6、10、15、30
　　公約数　　　1、2、3、6
　③9の約数　　1、3、9
　　15の約数　　1、3、5、15
　　30の約数　　1、2、3、5、6、10、15、30
　　公約数　　　1、3
❸ 27と45の公約数は1、3、9です。
❹ 20と12の公約数は1、2、4で、最大公約数は4です。

❶ ①偶数、奇数　②約数、倍数
❷ ①7、14、21、28、35
　②13、26、39、52、65
❸ ①1、3、9
　②1、2、5、10、25、50
❹ ①40、80、120　　最小公倍数　40
　②12、24、36　　　最小公倍数　12
　③42、84、126　　最小公倍数　42
　④27、54、81　　　最小公倍数　27

❺ ①1、2、3、6　　　最大公約数　6
　②1、2、5、10　　最大公約数　10
　③1、3　　　　　　最大公約数　3
　④1、2、4　　　　最大公約数　4

❷ ①7×1、7×2、7×3、7×4、7×5
　②13×1、13×2、13×3、13×4、13×5
❸ ②50＝1×50、2×25、5×10と2つずつ組にして考え、数えおとしのないようにします。
❹ ①5と8の最小公倍数は40だから、40の倍数を小さい方から順に3つ答えます。
　②4と6の最小公倍数は12だから、12の倍数を小さい方から順に3つ答えます。
　③2と3と7の最小公倍数は42だから、42の倍数を小さい方から順に3つ答えます。
　④3と9と27の最小公倍数は27だから、27の倍数を小さい方から順に3つ答えます。
❺ ①6の約数　　1、2、3、6
　　18の約数　　1、2、3、6、9、18
　②10の約数　　1、2、5、10
　　40の約数　　1、2、4、5、8、10、20、40
　③6の約数　　1、2、3、6
　　15の約数　　1、3、5、15
　　21の約数　　1、3、7、21
　④12の約数　　1、2、3、4、6、12
　　20の約数　　1、2、4、5、10、20
　　28の約数　　1、2、4、7、14、28

⑥ ①70、72、74、76、78、80　偶数
　　②71、73、75、77、79、81　奇数

⑦ 7時48分

⑧ 9cm、6まい

**しあげの5分レッスン** 約数は見落とすことがあります。たとえば45の約数は、1と45、3と15、5と9のように、組にして見つけましょう。最小公倍数、最大公約数は、あとの分数の学習でも役に立ちます。

⑥ 左のページの数が12で偶数、右のページの数が13で奇数になっています。左のページの数も右のページの数も2ずつ増えたり減ったりするので、教科書のどの部分を開いても、左のページの数は偶数、右のページの数は奇数になっています。

⑦ 12と16の最小公倍数は48だから、次に同時に出発するのは48分後です。

⑧ 18と27の最大公約数9が、いちばん大きい正方形の1辺の長さになります。
正方形は、たてに2まい、横に3まい切り取れるから、全部で、2×3＝6（まい）切り取れます。

# ⑥ 単位量あたりの大きさ(1)

## ぴったり1 準備　28ページ

1 ①8　②0.53　③10　④0.56　⑤B　⑥15
　⑦1.88　⑧18　⑨1.8　⑩1.8　⑪B
2 ①406900　②328　③275400　④358　⑤B

## ぴったり2 練習　29ページ　**てびき**

1 ①⑦　②⑦
　③あ⑦…2.5羽　⑦…2.6羽
　　い⑦…0.4m²　⑦…約0.38m²
　　う⑦

1 ①ニワトリの数が同じなので、面積が小さい⑦の方がこんでいます。
　②面積が同じなので、ニワトリの数が多い⑦の方がこんでいます。
　③あ⑦　10÷4＝2.5　⑦　13÷5＝2.6
　　い⑦　4÷10＝0.4　⑦　5÷13＝0.384…
　　う1m²にたくさんのニワトリがいるので、⑦の方がこんでいます。1羽のニワトリが使える広さが少ない⑦の方がこんでいます。

2 ①⑦12÷5＝2.4
　　⑦15÷6＝2.5　　　　　答え　⑦
　②⑦900÷5＝180
　　⑦1435÷7＝205　　　　答え　⑦
3 ①55632÷152＝366　　答え　366人
　②B市

2 ①マット1まいあたりの人数で比べます。
　②1両あたりの人数で比べます。

3 ①人口密度は1km²あたりの人数なので、人口÷面積で求めます。
　②B市の人口密度は、35520÷96＝370（人）

## ぴったり1 準備　30ページ

1 (1)①140　②4　③35　④35
　(2)①35　②9　③315　④315
　(3)①525　②35　③15　④15

## ぴったり2 練習　31ページ　**てびき**

1 ①2520÷40＝63　　　　答え　63g
　②63×100＝6300　　　答え　6300g
　③1575÷63＝25　　　　答え　25cm

1 ①1cmあたりの重さ＝重さ÷長さで求めます。
　②1m＝100cmだから、1mの重さは、1cmあたりの重さを100倍にします。
　③長さ＝重さ÷1cmあたりの重さで求めます。

② けんじさんの家の畑　105÷70=1.5
　まさおさんの家の畑　126÷90=1.4
　　　　　　　　　　　　　　答え　けんじさん

③ A　270÷6=45
　 B　400÷8=50　　　　　　　　答え　B

④ ①560÷40=14　　　　　答え　14 km
　 ②14×50=700　　　　　答え　700 km
　 ③980÷14=70　　　　　答え　70 L

② 1 m² あたりのじゃがいもの採れ高（重さ）を計算します。

③ 1 個あたりのねだんで比べます。

④ ①1 L あたりで走る道のり＝道のり÷ガソリンの量で求めます。
　 ②道のり＝1 L あたりで走る道のり×ガソリンの量なので、①で求めた1 L あたりで走る道のり14 km に、ガソリンの量をかけます。

---

**ぴったり3　確かめのテスト　32〜33ページ**　　　てびき

❶ ①④
　 ②⑦

❷ ①A小学校…約9 m²
　　 B小学校…約10 m²
　 ②A小学校…約0.11人
　　 B小学校…約0.10人

❸ ①北川町　19280÷60=321.3…
　　　　　　　　　　　答え　約321人
　　 東山町　16800÷53=316.9…
　　　　　　　　　　　答え　約317人
　 ②東山町、北川町、南西町

❹ A…810÷6=135
　 B…1040÷8=130　　　　　　答え　A

❺ ①360÷8=45　　　　　　答え　45 g
　 ②45×14=630　　　　　　答え　630 g
　 ③522÷45=11.6　　　　　答え　11.6 m

❻ ①450÷25=18
　　 720÷18=40　　　　　　答え　40 L
　 ②18×32=576　　　　　答え　576 km

❼ ①B
　 ②3240 個

❶ ①1 m² あたりの人数で比べます。
　　 ⑦8÷6=1.33…　　　④13÷9=1.44…
　 ②1両あたりの人数で比べます。
　　 ⑦1260÷9=140　　④1620÷12=135

❷ ①運動場の面積÷児童数で求めます。
　　 A小学校　8700÷980=8.8…⁹
　　 B小学校　7300÷760=9.6…¹⁰
　 ②児童数÷運動場の面積で求めます。
　　 A小学校　980÷8700=0.112…
　　 B小学校　760÷7300=0.104…

❸ ①人口密度は、人口÷面積で求めます。
　 ②南西町の人口密度は、
　　 7900÷24=329.1…
　　 より、約329人です。

❹ 1 さつあたりのねだん＝全部の大きさ÷いくつ分
　　＝代金÷さっ数で比べます。

❺ ①1 m あたりの重さ＝全部の重さ÷長さ
　 ②全部の重さ＝1 m あたりの重さ×長さ
　 ③長さ＝全部の重さ÷1 m あたりの重さ

❻ ①まず、ガソリン1 L あたりで走る道のりを、
　　 道のり÷ガソリンの量で求めます。次に、720 km
　　 を走るのに使うガソリンの量を、
　　 道のり÷1 L あたりで走る道のりで求めます。
　 ②1 L あたりで走る道のり×ガソリンの量で求めます。

❼ ①1 分間あたりにできるクッキーの個数は、
　　 A…286÷22=13（個）
　　 B…224÷16=14（個）
　 ②1 分間では、全部で、13+14=27（個）できます。また、2時間＝120分なので、できるクッキーの個数は、27×120=3240（個）

---

# ⑦　小数のかけ算

**ぴったり1　準備　34ページ**

❶ (1)①60　②2.6　(2)①26　②1560　③156　④156

❷ (1)①1　②196　③196　(2)12.8

**1** ①80×2.7 ②216円

**2** ①⑦10 ①1050 ⑦10 ①105
②⑦10 ①1350 ⑦10 ①135

**3** ①7×3.4 ②
$$
\begin{array}{r}
7 \\
\times 3.4 \\
\hline
2\,8 \\
2\,1\phantom{0} \\
\hline
2\,3.8
\end{array}
$$
答え　23.8 g

**4** ①
$$
\begin{array}{r}
4\,0 \\
\times 1.6 \\
\hline
2\,4\,0 \\
4\,0\phantom{0} \\
\hline
6\,4.0
\end{array}
$$
②
$$
\begin{array}{r}
5\,0 \\
\times 4.7 \\
\hline
3\,5\,0 \\
2\,0\,0\phantom{0} \\
\hline
2\,3\,5.0
\end{array}
$$
③
$$
\begin{array}{r}
6 \\
\times 1.8 \\
\hline
4\,8 \\
6\phantom{0} \\
\hline
1\,0.8
\end{array}
$$

④
$$
\begin{array}{r}
8 \\
\times 3.9 \\
\hline
7\,2 \\
2\,4\phantom{0} \\
\hline
3\,1.2
\end{array}
$$
⑤
$$
\begin{array}{r}
3\,4 \\
\times 1.8 \\
\hline
2\,7\,2 \\
3\,4\phantom{0} \\
\hline
6\,1.2
\end{array}
$$
⑥
$$
\begin{array}{r}
1\,7 \\
\times 5.4 \\
\hline
6\,8 \\
8\,5\phantom{0} \\
\hline
9\,1.8
\end{array}
$$

**てびき**

**1** ②80×2.7＝80×27÷10＝2160÷10＝216

**2** ①35 は 3.5 の 10 倍だから、答えは 30×35 の $\frac{1}{10}$ です。
②15 は 1.5 の 10 倍だから、答えは 90×15 の $\frac{1}{10}$ です。

**3** ①1 m あたりの重さ×長さで計算します。
②「整数×小数」の筆算は、小数点がないものとして「整数×整数」の筆算と同じように計算します。
3.4 の小数点より下は1けたなので、積の小数点は、小数点より下が1けたになるようにつけます。

**4** かける数を 10 倍して、整数の計算から求めても筆算で求めても答えは同じになります。

**1** ①14 ②32 ③448 ④4.48

**2** (1)3360、1344、16.8 (2)32、4、0.72

**3** 小さく、①、①(①と①は入れかわってもよい)

**1** ①
$$
\begin{array}{r}
4.7 \\
\times 3.5 \\
\hline
2\,3\,5 \\
1\,4\,1\phantom{0} \\
\hline
1\,6.4\,5
\end{array}
$$
②
$$
\begin{array}{r}
6.7 \\
\times 2.1 \\
\hline
6\,7 \\
1\,3\,4\phantom{0} \\
\hline
1\,4.0\,7
\end{array}
$$
③
$$
\begin{array}{r}
8.4 \\
\times 7.6 \\
\hline
5\,0\,4 \\
5\,8\,8\phantom{0} \\
\hline
6\,3.8\,4
\end{array}
$$

④
$$
\begin{array}{r}
3.4\,1 \\
\times\ \ 6.5 \\
\hline
1\,7\,0\,5 \\
2\,0\,4\,6\phantom{0} \\
\hline
2\,2.1\,6\,5
\end{array}
$$
⑤
$$
\begin{array}{r}
3.0\,6 \\
\times\ \ 2.8 \\
\hline
2\,4\,4\,8 \\
6\,1\,2\phantom{0} \\
\hline
8.5\,6\,8
\end{array}
$$
⑥
$$
\begin{array}{r}
8.2 \\
\times 2.7\,8 \\
\hline
6\,5\,6 \\
5\,7\,4\phantom{0} \\
1\,6\,4\phantom{00} \\
\hline
2\,2.7\,9\,6
\end{array}
$$

**2** ①
$$
\begin{array}{r}
3.2\,5 \\
\times\ \ 4.8 \\
\hline
2\,6\,0\,0 \\
1\,3\,0\,0\phantom{0} \\
\hline
1\,5.6\,0\,0
\end{array}
$$
②
$$
\begin{array}{r}
0.6 \\
\times 1.5 \\
\hline
3\,0 \\
6\phantom{0} \\
\hline
0.9\,0
\end{array}
$$
③
$$
\begin{array}{r}
2.3\,5 \\
\times\ \ 0.4 \\
\hline
0.9\,4\,0
\end{array}
$$

**3** ①2.8×1.1＝3.08　　　答え　3.08 kg
②2.8×0.9＝2.52　　　答え　2.52 kg

**4** ⑦、①

**5** 2.9×3.8＝11.02　　答え　11.02 ㎡

**てびき**

**1** 積の小数点は、かけられる数とかける数の小数点より下のけた数の数の和だけ、右から数えてつけます。

**2** 積に小数点をつけたあと、0のあつかいに注意します。
小数点より下のけたの右はしから続く0を消します。
②③一の位に0を書きます。

**3** 重さ＝1mの重さ×長さで求めます。

**4** かける数が1より小さい小数のとき、積は、かけられる数より小さくなります。
かける数が1より大きい小数のとき、積は、かけられる数より大きくなります。
かける数が1のとき、積は、かけられる数と同じになります。

**5** 長方形の面積＝たて×横の公式にあてはめて、花だんの面積を求めます。

**1** ①0.6 ②3 ③0.6 ④4.8

**2** (1)①2.5 ②10 ③16 (2)①6.8 ②10 ③73

**てびき**

**1** ①0.9 ②2.5 ③1.8 ④5

**1** ①かけられる数とかける数を入れかえても、積は変わりません（交かんのきまり）。
②3つの数をかけるとき、かける順序を変えても、積は変わりません（結合のきまり）。
③(■＋▲)×●＝■×●＋▲×●
④(■－▲)×●＝■×●－▲×● ｝（分配のきまり）

**2** ①⑦5.7 ④10 ⑤26
②⑦3.4 ④10 ⑤35

**2** 「ヒント」のように考えたうえで、分配のきまりを右から左へ使います。
①●×■＋●×▲＝●×(■＋▲)
②●×■－●×▲＝●×(■－▲)

**3** ①3.8×4×2.5＝3.8×(4×2.5)
＝3.8×10＝38
②0.5×6.3×2＝6.3×0.5×2
＝6.3×(0.5×2)
＝6.3×1＝6.3
③6.9×2.4＋3.1×2.4＝(6.9＋3.1)×2.4
＝10×2.4＝24
④3.5×2.9－3.5×0.9＝3.5×(2.9－0.9)
＝3.5×2＝7

**3** ①結合のきまりを使って、4×2.5＝10を先に計算すると、計算がかんたんになります。
②交かんのきまりと結合のきまりを使って、0.5×2＝1が利用できるようにします。
③■×2.4＋▲×2.4＝(■＋▲)×2.4です。
④3.5×■－3.5×▲＝3.5×(■－▲)です。

**てびき**

**1** ①⑦10 ④10 ⑤32 ㋓36 ㋔$\frac{1}{100}$
㋕11.52
②⑦234 ④17 ⑤234 ㋓17 ㋔3978

**1** ① 3.2 × 3.6 ＝□
10倍 10倍 $\frac{1}{100}$
32 × 36 ＝1152
② 2.34 × 1.7 ＝□
$\frac{1}{100}$ $\frac{1}{10}$ $\frac{1}{1000}$
234 × 17 ＝3978

**2** ①90 ②42 ③0.024

**2** ①20×4.5＝(20×45)÷10
＝900÷10＝90
②70×0.6＝(70×6)÷10＝420÷10＝42
③0.06×0.4＝(6×4)÷1000
＝24÷1000＝0.024

**3**
① 35
×1.7
‾‾‾‾‾
2 4 5
3 5
‾‾‾‾‾
5 9.5

② 1 9
×4.3
‾‾‾‾‾
5 7
7 6
‾‾‾‾‾
8 1.7

③ 5.5
×3.2
‾‾‾‾‾
1 1 0
1 6 5
‾‾‾‾‾
1 7.6 0

④ 7.2
×6.5
‾‾‾‾‾
3 6 0
4 3 2
‾‾‾‾‾
4 6.8 0

⑤ 1.6 4
× 3.5
‾‾‾‾‾
8 2 0
4 9 2
‾‾‾‾‾
5.7 4 0

⑥ 6.0 3
× 5.8
‾‾‾‾‾
4 8 2 4
3 0 1 5
‾‾‾‾‾
3 4.9 7 4

**3** 小数点がないものとして、整数の計算と同じように計算します。
積の小数点は、2つの数の小数点より下のけた数の数の和だけ、右から数えてつけます。
③④1＋1＝2（けた）
⑤⑥2＋1＝3（けた）

④ 式 $7.3×9.5=69.35$ 　　　答え　$69.35 m^2$

④ 長方形の面積＝たて×横の公式にあてはめて、
面積を求めます。

⑤ ①＜　②＝　③＜　④＞

⑤ かける数＞１のとき、積＞かけられる数。
かける数＜１のとき、積＜かけられる数。
かける数＝１のとき、積＝かけられる数。

⑥ ①式　$8.2×4.5=36.9$ 　　　答え　$36.9 g$
　②式　$8.2×0.7=5.74$ 　　　答え　$5.74 g$

⑥ 重さ＝１ｍあたりの重さ×長さ
で求めます。

⑦ ①$2×9.8×0.5=9.8×2×0.5$
　　　　　　　　$=9.8×(2×0.5)$
　　　　　　　　$=9.8×1=9.8$
　②$8.4×4.6-4.4×4.6=(8.4-4.4)×4.6$
　　　　　　　　　　　$=4×4.6=18.4$

⑦ ①交かんのきまりと結合のきまりを使って、
　　$2×0.5=1$ が利用できるようにします。
　②■$×4.6-$▲$×4.6=($■$-$▲$)×4.6$

⑧ 29.7

⑧ もとの数を□とおけば、□＋$4.5=11.1$ より、
□＝$11.1-4.5=6.6$ なので、正しい答えは、
$6.6×4.5=29.7$

# ⑧ 小数のわり算

**ぴったり1 準備　42ページ**

❶ (1)①320　②1.6　(2)①10　②10　③16　④200　⑤200
❷ (1)4　(2)25

**ぴったり2 練習　43ページ**　　　**てびき**

❶ ①1.5　②1.5　③10　④1.5　⑤15
　⑥180　⑦180

❶ $1.5$ L分のねだんから１L分のねだんを求めます。
ジュースの量のように、いくつ分にあたる数が小数
であっても、１つ分の大きさを求める計算は、整数
と同じように、わり算になります。

❷ ①㋐60　㋑12　㋒5
　②㋐450　㋑18　㋒25

❷ わられる数とわる数をそれぞれ10倍して、整数ど
うしのわり算にします。

❸
①
```
       8
0.5)4.0
     40
      0
```
②
```
      15
2.4)36.0
    24
    120
    120
      0
```

③
```
     120
1.8)216.0
   18
    36
    36
     0
```
④
```
     210
0.8)168.0
   16
     8
     8
     0
```

❸ わる数が整数になるように10倍します。
わられる数も10倍して、整数どうしのわり算をし
ます。
③④商の一の位の０をわすれないようにします。

❹ $78÷5.2=15$ 　　　答え　15ｍ

❹ 長方形の面積＝たて×横の公式から、
横＝長方形の面積÷たてなので、
$78÷5.2=780÷52$ として計算します。

**ぴったり1 準備　44ページ**

❶ ①10　②10　③46.8　④1.8　⑤1.8
❷ ①10　②10　③5　④5
❸ ①36.0　②1.5　③1.5

**1**

① 
```
        2.8
1.2)3.3.6
    2 4
      9 6
      9 6
        0
```

② 
```
        3.8
1.4)5.3.2
    4 2
    1 1 2
    1 1 2
        0
```

③ 
```
        4.6
2.1)9.6.6
    8 4
    1 2 6
    1 2 6
        0
```

④ 
```
       5
1.9)9.5
    9 5
      0
```

⑤ 
```
       6
1.3)7.8
    7 8
      0
```

⑥ 
```
       4
2.4)9.6
    9 6
      0
```

**2** ⑦、⑨

**3**

① 
```
        3.4
2.5)8.5.
    7 5
    1 0 0
    1 0 0
        0
```

② 
```
       2 0.5
1.2)2 4.6.
    2 4
        6 0
        6 0
          0
```

③ 
```
        0.4 2
6.5)2.7.3
    2 6 0
      1 3 0
      1 3 0
          0
```

**4**

① 
```
          2.4
2.3.5)5.6.4.
      4 7 0
        9 4 0
        9 4 0
            0
```

② 
```
           0.2 5
0.6.8)0.1.7.0
      1 3 6
        3 4 0
        3 4 0
            0
```

**1** わる数が整数になるように小数点を右に移します。わられる数も同じだけ小数点を右に移します。商の小数点はわられる数の右に移した小数点にそろえてつけます。

**2** わる数が1より大きい小数のとき、商は、わられる数より小さくなります。
わる数が1より小さい小数のとき、商は、わられる数より大きくなります。
わる数が1のとき、商は、わられる数と同じになります。

**3** わり進めるわり算です。
小数でわる筆算でも、下の位に0があると考えて、わり進めることができます。
①わられる数8.5を10倍して85ですが、わり進めるために、85.0と考えます。
②246を246.0と考えます。
③27.3を27.30と考えます。

**4** わる数を100倍して整数になおします。
わられる数も100倍して計算します。
100倍すると小数点は右へ2けた移ります。
とくに指示がないときには、わり進めましょう。

---

**1** ①3　②0.4　③3　④0.4　⑤2.2　⑥0.6　⑦3　⑧0.4
**2** ①9.1　②2.6　③3.5　④3.5

---

**1** 2.8÷3.7=0.7⁸5…　　　　答え　約0.8kg

**2** ①1.53　②5.63

**1** 
```
        0.7 5
3.7)2.8.0
    2 5 9
      2 1 0
      1 8 5
        2 5
```
商は、小数第二位を四捨五入して、小数第一位まで求めます。

**2** 商は、小数第三位を四捨五入して、小数第二位まで求めます。

① 
```
          1.5 2⁷9̶
3.4)5.2.
    3 4
    1 8 0
    1 7 0
      1 0 0
        6 8
        3 2 0
        3 0 6
          1 4
```

② 
```
            5.6 3̶⅟
9.5)5 3 5.
    4 7 5
      6 0 0
      5 7 0
        3 0 0
        2 8 5
          1 5 0
            9 5
            5 5
```

**14**

**③** 9÷1.4＝6 あまり 0.6

答え　6ふくろできて、0.6 kg あまる。

**④** 7.8÷1.5＝5.2　　　　　　　　答え　5.2 g

**⑤** ①5.4×2.3＝12.42　　　　　　答え　12.42 g
　　②24.3÷5.4＝4.5　　　　　　答え　4.5 m

**③**

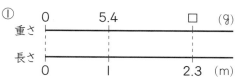

ふくろの数は整数です。
商は整数で求め、あまりを出します。
あまりの小数点は、わられる数のもとの小数点にそろえてつけます。

**④**

```
           □      7.8   (g)
重さ ├───────┼──────┤
長さ ├───────┼──────┤
  0        1     1.5   (m)
```

１つ分の大きさ（単位量あたりの大きさ）を求めるから、全部の大きさ÷いくつ分＝7.8÷1.5＝5.2

**⑤** １つ分の大きさ（単位量あたりの大きさ）は 5.4 g です。

①
```
       5.4       □     (g)
重さ ├────┼────────┤
長さ ├────┼────────┤
  0    1       2.3   (m)
```
全体の重さ（全部の大きさ）を求めるから、

１つ分の大きさ×いくつ分＝5.4×2.3
　　　　　　　　　　　　＝12.42

②
```
   5.4          24.3  (g)
重さ ├────┼────────┤
長さ ├────┼────────┤
  0  1          □    (m)
```
全体の長さ（いくつ分）を求めるから、

全部の大きさ÷１つ分の大きさ＝24.3÷5.4
　　　　　　　　　　　　　　＝4.5

---

**ぴったり3 確かめのテスト　48〜49 ページ　てびき**

**①** ①⑦10　⑦16　⑦5
　　②⑦10　⑦71.4　⑦3.4

**②** ①＞　②＜

**③**

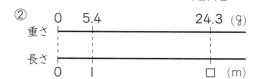

**②** わる数＜１のとき、商＞わられる数。
わる数＞１のとき、商＜わられる数。

**③** わる数を 10 倍、100 倍して整数にします。
わられる数も同じように 10 倍、100 倍して計算します。

① 
```
         6
2.5)15.0
    150
      0
```
② 
```
        24
8.5)204.0
    170
    340
    340
      0
```
③ 
```
       7
1.3)9.1
    91
     0
```
④ 
```
      2
2.8)5.6
    56
     0
```
⑤ 
```
      1.45
0.8)1.1.6
    8
    36
    32
     40
     40
      0
```
⑥ 
```
         0.25
0.96)0.24.0
     192
     480
     480
       0
```

④ ①2.67 ②2.18 ③8.81

⑤ ①2あまり0.6
②3あまり0.5
③4あまり1.24

⑥ 式 30.8÷3.6=8.55…　　　答え　約8.6m

⑦ 式 3.8÷0.6=6あまり0.2
　　　　　答え　6個できて、0.2Lあまる。

⑧ ①式 6.72÷4.2=1.6　　　答え　1.6dL
　②式 13.6÷1.6=8.5　　　答え　8.5m²

④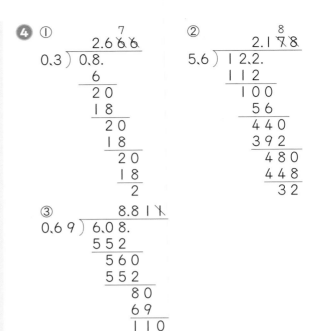

⑤ あまりの小数点は、わられる数のもとの小数点にそろえてつけます。

①
```
      2
3.7)8.0
    74
    0.6
```
②
```
      3
2.3)7.4
    69
    0.5
```
③
```
      4
1.5)7.2.4
    60
    1.24
```

⑥
```
       6
      8.5 5
3.6)30.8.
    288
    200
    180
    200
    180
     20
```

⑦
```
      6
0.6)3.8.
    36
    0.2
```

⑧①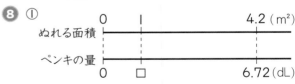

（1つ分の量）＝（全体の量）÷（いくつ分）

②①で求めた1つ分の量を使います。

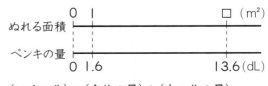

（いくつ分）＝（全体の量）÷（1つ分の量）

## 倍の計算～小数倍～

❶ ①あ63　⑥45　⑤1.4　②1.4
　②あ36　⑥45　⑤0.8　②0.8
　③あ36　⑥2.5　⑤90　②90
　④あ36　⑥90　⑤0.4　②0.4
　⑤⑥

❶ ③④

$$ ⑤の高さ \xrightarrow{\times 2.5} ②の高さ \xrightarrow{\times 0.4} $$

2.5 と 0.4 には、2.5×0.4＝1 の関係があります。
⑤⑥が 63 cm で、⑥の目もりが 0.7、②の目もりが 1 になっているものを選びます。

❷ ①5.2÷2＝2.6　　　　答え　2.6倍
　②2.4÷2＝1.2　　　　答え　1.2倍
　③2.4×1.25＝3　　　 答え　3m
　④2.4÷3＝0.8　　　　答え　0.8倍

❷ ③④

$$ ⑤の長さ \xrightarrow{\times 1.25} ②の長さ \xrightarrow{\times 0.8} $$

1.25×0.8＝1 の関係があります。

## 9 図形の角

❶ (1)①180　②30　③50　④100　（②と③は入れかわってもよい）
　(2)①2　②50　③180　④50　⑤80
❷ ①180　②180　③65　④115　⑤180　⑥65　⑦115

❶ ①180°－(20°＋25°)＝135°　　答え　135°
　②⑥35°
　　⑤180°－35°×2＝110°　　答え　110°
　③180°－(90°＋50°)＝40°　　答え　40°
　④180°÷3＝60°　　　　　　　答え　60°

❷ ①40°＋30°＝70°　　　　　　答え　70°
　②50°＋80°＝130°　　　　　　答え　130°
❸ ①110°－50°＝60°　　　　　　答え　60°
　②30°＋45°＝75°
　　180°－75°＝105°　　　　　答え　105°

❶ どんな三角形でも、3つの角の大きさの和は 180°です。
　②二等辺三角形は、2つの角の大きさが等しい三角形です。
　④正三角形は、3つの角の大きさが等しい三角形です。
❷ 三角形の1つの角の外側にできる角の大きさは、三角形の他の2つの角の大きさの和に等しくなります。
❸ ①50°と、⑦の角の大きさとの和は 110°です。
　②⑥ととなり合った角の大きさは、
　　30°＋45°＝75°になります。

❶ ①180　(1)①2　②180　③2　④360
　(2)①4　②360　③180　④4　⑤360　⑥360
❷ ①360　(1)①360　②60　③90　④80　⑤130　（②③④はどの順でもよい）
　(2)①40　②360　③40　④140

① ①360°−(80°+70°+135°)=75°

答え 75°

②360°−(65°+105°+85°)=105°

答え 105°

③360°−(110°+90°+100°)=60°

答え 60°

④360°−(95°+125°+75°)=65°
　180°−65°=115°　　　答え 115°

⑤360°−130°=230°
　360°−(30°+230°+45°)=55°

答え 55°

⑥360°−55°×2=250°
　250°÷2=125°　　　　答え 125°

② ①360°−(60°+90°+45°)=165°

答え 165°

②35°+45°=80°
　360°−(90°×2+80°)=100°

答え 100°

① 四角形の4つの角の大きさの和は360°です。

④はじめに、㋓の左どなりの角の大きさを求めます。

⑤次の図のように、2つの三角形に分けると、色をつけた4つの角の大きさの和は、三角形2つ分、つまり360°に等しくなります。

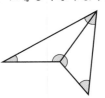

⑥平行四辺形の向かい合った角の大きさは等しいので、55°×2と、㋔の角の大きさの2倍との和が360°になります。

② 三角定規は、30°、60°、90°の直角三角形と45°、45°、90°の直角二等辺三角形です。

求めたい角が4つの角のうちの1つであるような四角形に注目します。

1 ①6 ②6 ③180 ④6 ⑤1080 ⑥360 ⑦720
2 ①7 ②七 ③4 ④5 ⑤180 ⑥5 ⑦900

① ①㋐180 ㋑5 ㋒360
　②㋐180 ㋑3
　③㋐180 ㋑360
　(㋐と㋑は入れかわってもよい)

② ①540°−(90°+120°+110°+105°)=115°

答え 115°

②720°−(125°+110°+120°+135°+100°)
　=130°　　　　　　　答え 130°

③ ①八角形 ②5本 ③6つ ④1080°

① ①五角形の中に点をとって、5つの三角形に分けています。三角形5つ分の角の大きさから、中の点に集まった角の360°をひきます。

②1つの頂点から引いた対角線で3つの三角形に分けています。三角形3つ分の角の大きさになります。

③対角線1本で三角形と四角形に分けています。三角形1つ分、四角形1つ分の角の大きさの和になります。

② ①五角形の5つの角の大きさの和は540°です。

②六角形の6つの角の大きさの和は720°です。

③ ①8本の直線で囲まれた図形なので、八角形です。

②③次の図のように、5本の対角線で、6つの三角形に分けられます。

④180°×6=1080°

**1** ①四角 ②五角 ③六角

**2** ⑦多角形 ④対角線

**3** ①180°−(35°+65°)=80° 答え 80°
②180°−30°=150°
150°÷2=75° 答え 75°
③50°+55°=105° 答え 105°
④45°−30°=15° 答え 15°

**4** ①360°−(105°+120°+70°)=65°
答え 65°
②180°−130°=50°
360°−(50°+140°+90°)=80°
答え 80°
③540°−(130°+90°+110°+90°)=120°
答え 120°
④180°÷3=60°
60°×2=120° 答え 120°

**5** ①エ ②⑦ ③④ ④⑦

**6** ①6本 ②7つ ③1260°

┌─────────────────────────────┐
│ 🏠 おうちのかたへ 分度器を使うことは、4年で学 │
│ 習しています。ここでは、理由を考えながら、計算で角 │
│ の大きさを求めます。1段階進んだ学習です。 │
└─────────────────────────────┘

**1** 四角形の4つの角の大きさの和は360°、
五角形の5つの角の大きさの和は540°、
六角形の6つの角の大きさの和は720°です。

**3** ②④の角の大きさを□°とすると、
30°+□°×2=180°
□°×2=180°−30°=150°
□°=150°÷2=75°
④エの角の大きさを□°とすると、
□°+30°=45°
□°=45°−30°=15°

**4** ①②四角形の4つの角の大きさの和は360°です。
③五角形の5つの角の大きさの和は540°です。
④正三角形の1つの角の大きさは60°で、その2
つ分です。
また、六角形の6つの角の大きさの和は720°
で、この六角形の6つの角はすべて同じ大きさな
ので、720°÷6=120°のように求めることも
できます。

**5** ①三角形2つ分と四角形1つ分の和の式だから、
図はエ。
②三角形4つ分の角の大きさ。図は⑦。
③三角形5つ分から、直線の角の大きさ180°を
ひいた式と考えられるから、図は④。
④三角形6つ分から、1つの点に集まった角360°
をひいた式と考えられるから、図は⑦。

**6** ①9−3=6(本)
②6+1=7(つ)
③180°×7=1260°

┌─────────────────────────────┐
│ ⏱ しあげの5分レッスン 三角形1つ分の角の大きさ │
│ が180°であることが、すべてのもとになります。 │
│ 多角形でこまったら、三角形に分けて考えましょう。 │
└─────────────────────────────┘

# ⑩ 単位量あたりの大きさ(2)

**1** (1)①160 ②4 ③40 ④40
(2)①750 ②5 ③150 ④150

**2** ①480 ②6 ③80 ④700 ⑤10 ⑥70 ⑦けんと

**1** ①えりさん　②ゆかさん　③ゆかさん

**1** ①かかった時間が同じときは、道のりが多い方が速いです。

同じ時間で、えりさんは840m歩き、はなさんはそれより少ない720mしか歩いていません。

②歩いた道のりが同じときは、かかった時間が少ない方が速いです。

はなさんは15分かかりましたが、ゆかさんは12分で歩いています。

③道のりも時間もちがうので、1分間あたりに歩いた道のり（分速）で比べます。

えりさん　840÷15＝56（m）

ゆかさん　720÷12＝60（m）

1分間あたりに歩いた道のりが多いゆかさんの方が速いといえます。

**2** ①時速80km

②分速240m

③秒速12m

**2** 速さ＝道のり÷時間にあてはめて求めます。

①240÷3＝80（km）

②960÷4＝240（m）

③540÷45＝12（m）

**3** ①としのりさん

②飛行機B

**3** ①としのりさんの秒速…80÷16＝5（m）

まさおさんの秒速…54÷12＝4.5（m）

②飛行機Aの時速…3450÷3＝1150（km）

飛行機Bの時速…2340÷2＝1170（km）

**1** ①60　②4　③4　④60　⑤14400　⑥14400　⑦14.4

**2** ①60　②3　③60　④3　⑤180　⑥180

**3** ①280　②70　③280　④70　⑤4　⑥4

**1** ①秒速…150÷60＝2.5　　答え　秒速2.5m

時速…150×60＝9000

9000m＝9km　　答え　時速9km

②54km＝54000m

分速…54000÷60＝900

答え　分速900m

秒速…900÷60＝15　　答え　秒速15m

**1** ①1分＝60秒なので、分速を秒速になおすには、60でわります。1時間＝60分なので、分速を時速になおすには、60をかけます。

②まず、kmをmになおします。次に、分速になおすために60でわります。さらに、秒速になおすために分速を60でわります。

**2** ⑦

**2** 分速にそろえて比べます。時速を分速になおすには、60でわります。

秒速を分速になおすには、60をかけます。

⑦21km＝21000m、21000÷60＝350より、犬の分速は350mです。

⑦6×60＝360より、男子の分速は360mです。

よって、もっとも速いのは、⑦の男子です。

**3** ①4×25＝100　　答え　100m

②65×12＝780　　答え　780m

**3** 道のり＝速さ×時間で求めます。

**④**
① $4500 \div 750 = 6$　　　　答え　6分
② $240 \div 48 = 5$　　　　答え　5時間
③ $6\,km = 6000\,m$
　　$6000 \div 25 = 240$（秒）
　　$240 \div 60 = 4$　　　　答え　4分

**④** 時間＝道のり÷速さで求めます。
① □分かかるとして、道のり＝速さ×時間の式を
　使って考えることもできます。
　　$750 \times \square = 4500$　　　$\square = 4500 \div 750 = 6$
③ 秒速を分速になおして考えることもできます。
　　分速は、$25 \times 60 = 1500$（m）です。
　　$6\,km = 6000\,m$ なので、かかる時間は、
　　$6000 \div 1500 = 4$ より、4分です。

---

**ぴったり3　確かめのテスト　64〜65ページ**　　　**てびき**

**①**
① $135 \div 3 = 45$　　　　答え　時速 45 km
② $520 \div 8 = 65$　　　　答え　分速 65 m

**②**
① $60 \div 8 = 7.5$　　　　答え　秒速 7.5 m
② りょうさん

**③** ㋐72 km　㋑20 m　㋒1.5 km　㋓25 m
㋔864 km　㋕14.4 km

**④** チーター

**⑤**
① $12.5 \times 40 = 500$　　　　答え　500 m
② $600 \div 120 = 5$　　　　答え　5時間
③ $1.8\,km = 1800\,m$
　　$1800 \div 80 = 22.5$（分）
　　$22.5分 = 22分30秒$　　答え　22分30秒
④ $54\,km = 54000\,m$
　　$54000 \div 60 = 900$
　　$900 \times 5 = 4500$　　　　答え　4500 m

**⑥**
① 175 m
② 16 分後

**⑦**
① 秒速 340 m
② 35 ℃

**①** 速さ＝道のり÷時間で求めます。

**②** ②秒速で比べます。しゅんさんの速さは、
　　$36 \div 5 = 7.2$ より、秒速 7.2 m です。

**③** 1時間＝60分、1分＝60秒です。分速から時速
になおすとき、秒速から分速になおすときは、60
をかけます。逆に、時速から分速になおすとき、分
速から秒速になおすときは、60でわります。
　㋐ $1.2 \times 60 = 72$
　㋑ $1.2\,km = 1200\,m$　　　$1200 \div 60 = 20$
　㋒ $90 \div 60 = 1.5$
　㋓ $1.5\,km = 1500\,m$　　　$1500 \div 60 = 25$
　㋔より㋕を先に計算します。
　㋕ $240 \times 60 = 14400$　　　$14400\,m = 14.4\,km$
　㋔ $14.4 \times 60 = 864$

**④** チーターの秒速を時速になおして比べてみます。
　　$30 \times 60 \times 60 = 108000$ で、
　　時速 $108000\,m =$ 時速 108 km となります。

**⑤** ①道のり＝速さ×時間
②時間＝道のり÷速さ
③道のりを m の単位になおしてから計算します。
　　22.5 分は、22 分 30 秒のことです。
④まず、時速 54 km を分速 900 m になおします。
　　次に、これを使って、トンネルの長さを、
　　道のり＝速さ×時間で求めます。

**⑥** ① $90 + 85 = 175$（m）
②2 人が出会うのは、2 人が歩いた道のりの和が
　2800 m になるときなので、2 人が同時に歩き
　始めてから、$2800 \div 175 = 16$（分後）

**⑦** ①15 ℃ のときの音の速さは、0 ℃ のときよりも、
　　秒速で、$0.6 \times 15 = 9$（m）速くなるので、求め
　　る秒速は、$331 + 9 = 340$（m）
②このときの音の秒速は、$2816 \div 8 = 352$（m）
　　よって、0 ℃ のときよりも、秒速で、
　　$352 - 331 = 21$（m）速いので、求める気温は、
　　$21 \div 0.6 = 35$（℃）

**🏠 おうちのかたへ**　速さ、道のり、時間の3つの量
の関係に、km と m、時間と分と秒の換算までからんで
きます。落ち着いて、十分に納得してから次のステップ
へ進むよう、声をかけてあげてください。

**⏱ しあげの5分レッスン**　「道のり＝速さ×時間」の式をしっかりおぼえておきましょう。速さが知りたい、時間が知りた
いというならば、知りたい量を□とすると、すぐにかけ算の式が書けます。わり算になおして答えを求めましょう。

# ⑪ 分数のたし算とひき算

1 ①最大公約数　②8　③8　④8　⑤8　⑥2　⑦3
2 ①6　②9　③12　④15　⑤4　⑥6　⑦8　⑧10　⑨15　⑩8　⑪＞

---

てびき

1 ①⑦10　①6　⑦20
　②⑦21　①2　⑦7

2 ①$\frac{2}{3}$　②$\frac{3}{4}$　③$\frac{5}{9}$　④$2\frac{2}{7}$

3 ①＞　②＜　③＞　④＜

4 ①$1\frac{5}{6} > \frac{7}{4}$
　②$\frac{1}{2} < \frac{3}{5} < \frac{2}{3}$

1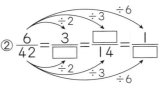

① $\dfrac{2}{5} = \dfrac{4}{\boxed{\phantom{0}}} = \dfrac{\boxed{\phantom{0}}}{15} = \dfrac{8}{\boxed{\phantom{0}}}$ （×2, ×3, ×4）

② $\dfrac{6}{42} = \dfrac{3}{\boxed{\phantom{0}}} = \dfrac{\boxed{\phantom{0}}}{14} = \dfrac{1}{\boxed{\phantom{0}}}$ （÷2, ÷3, ÷6）

2 分母、分子を、分母と分子の最大公約数でそれぞれ
わります。
①12と8の最大公約数は4です。
②64と48の最大公約数は16です。
③18と10の最大公約数は2です。
④56と16の最大公約数は8です。

3 通分して比べます。
①$\frac{1}{5} = \frac{3}{15}$ と $\frac{2}{15}$ を比べます。
③$\frac{5}{6} = \frac{15}{18}$ と $\frac{7}{9} = \frac{14}{18}$ を比べます。

4 ①仮分数にすると、$1\frac{5}{6} = \frac{11}{6} = \frac{22}{12}$、$\frac{7}{4} = \frac{21}{12}$
②2、3、5の最小公倍数30で通分すると、
　$\frac{1}{2} = \frac{15}{30}$　　$\frac{2}{3} = \frac{20}{30}$　　$\frac{3}{5} = \frac{18}{30}$

---

1 (1)①3　②4　③2　④3　(2)①4　②9　③13　④1　⑤1
2 ①2　②3　③7　④4　⑤1

---

てびき

1 ①$\frac{23}{24}$　②$\frac{23}{30}$　③$\frac{5}{8}$　④$\frac{17}{30}$　⑤$\frac{3}{4}$
　⑥$\frac{9}{10}$

1 ①$\frac{5}{6} + \frac{1}{8} = \frac{20}{24} + \frac{3}{24} = \frac{23}{24}$

②$\frac{3}{10} + \frac{7}{15} = \frac{9}{30} + \frac{14}{30} = \frac{23}{30}$

③$\frac{3}{8} + \frac{1}{4} = \frac{3}{8} + \frac{2}{8} = \frac{5}{8}$

④$\frac{2}{5} + \frac{1}{6} = \frac{12}{30} + \frac{5}{30} = \frac{17}{30}$

⑤$\frac{1}{6} + \frac{7}{12} = \frac{2}{12} + \frac{7}{12} = \frac{9}{12} = \frac{3}{4}$

⑥$\frac{1}{15} + \frac{5}{6} = \frac{2}{30} + \frac{25}{30} = \frac{27}{30} = \frac{9}{10}$

❷ ①$1\frac{1}{15}$　②$1\frac{29}{42}$　③$1\frac{7}{12}$　④$1\frac{1}{6}$

❸ ①$3\frac{13}{21}$　②$3\frac{11}{12}$　③$2\frac{13}{15}$　④$3\frac{11}{20}$　⑤$3\frac{3}{8}$
⑥$4\frac{1}{4}$

❷ ①$\frac{2}{3}+\frac{2}{5}=\frac{10}{15}+\frac{6}{15}=\frac{16}{15}=1\frac{1}{15}$

②$\frac{5}{6}+\frac{6}{7}=\frac{35}{42}+\frac{36}{42}=\frac{71}{42}=1\frac{29}{42}$

③$\frac{3}{4}+\frac{5}{6}=\frac{9}{12}+\frac{10}{12}=\frac{19}{12}=1\frac{7}{12}$

④$\frac{9}{10}+\frac{4}{15}=\frac{27}{30}+\frac{8}{30}=\frac{35}{30}=\frac{7}{6}=1\frac{1}{6}$

❸ ①$1\frac{2}{7}+2\frac{1}{3}=1\frac{6}{21}+2\frac{7}{21}=3\frac{13}{21}$

②$2\frac{1}{6}+1\frac{3}{4}=2\frac{2}{12}+1\frac{9}{12}=3\frac{11}{12}$

③$1\frac{7}{10}+1\frac{1}{6}=1\frac{21}{30}+1\frac{5}{30}=2\frac{26}{30}=2\frac{13}{15}$

④$1\frac{1}{12}+2\frac{7}{15}=1\frac{5}{60}+2\frac{28}{60}=3\frac{33}{60}=3\frac{11}{20}$

⑤$1\frac{3}{4}+1\frac{5}{8}=1\frac{6}{8}+1\frac{5}{8}=2\frac{11}{8}=3\frac{3}{8}$

⑥$1\frac{7}{12}+2\frac{2}{3}=1\frac{7}{12}+2\frac{8}{12}$
$=3\frac{15}{12}=3\frac{5}{4}=4\frac{1}{4}$

---

**ぴったり❶ 準備　70ページ**

❶ ①14　②9　③1　④2
❷ ①9　②21　③19　④1　⑤7　⑥9　⑦9　⑧1　⑨7

---

**ぴったり❷ 練習　71ページ　　てびき**

❶ ①$\frac{5}{24}$　②$\frac{1}{18}$　③$\frac{1}{3}$　④$\frac{7}{10}$　⑤$\frac{3}{4}$
⑥$\frac{11}{24}$

❶ ①$\frac{7}{8}-\frac{2}{3}=\frac{21}{24}-\frac{16}{24}=\frac{5}{24}$

②$\frac{8}{9}-\frac{5}{6}=\frac{16}{18}-\frac{15}{18}=\frac{1}{18}$

③$\frac{1}{2}-\frac{1}{6}=\frac{3}{6}-\frac{1}{6}=\frac{2}{6}=\frac{1}{3}$

④$\frac{5}{6}-\frac{2}{15}=\frac{25}{30}-\frac{4}{30}=\frac{21}{30}=\frac{7}{10}$

⑤$\frac{7}{5}-\frac{13}{20}=\frac{28}{20}-\frac{13}{20}=\frac{15}{20}=\frac{3}{4}$

⑥$\frac{13}{12}-\frac{5}{8}=\frac{26}{24}-\frac{15}{24}=\frac{11}{24}$

❷ ①$3\frac{7}{18}$　②$2\frac{3}{4}$　③$\frac{11}{14}$　④$1\frac{7}{15}$

❷ ①$4\frac{5}{9}-1\frac{3}{18}=4\frac{10}{18}-1\frac{3}{18}=3\frac{7}{18}$

②$5\frac{11}{12}-3\frac{1}{6}=5\frac{11}{12}-3\frac{2}{12}=2\frac{9}{12}=2\frac{3}{4}$

③$2\frac{1}{2}-1\frac{5}{7}=2\frac{7}{14}-1\frac{10}{14}$
$=1\frac{21}{14}-1\frac{10}{14}=\frac{11}{14}$

④$3\frac{1}{6}-1\frac{7}{10}=3\frac{5}{30}-1\frac{21}{30}$
$=2\frac{35}{30}-1\frac{21}{30}=1\frac{14}{30}=1\frac{7}{15}$

❸ ①$\frac{11}{12}$　②$\frac{2}{15}$

❸ ①$\frac{1}{2}+\frac{3}{4}-\frac{1}{3}=\frac{6}{12}+\frac{9}{12}-\frac{4}{12}=\frac{11}{12}$

②$\frac{5}{6}-\frac{1}{5}-\frac{1}{2}=\frac{25}{30}-\frac{6}{30}-\frac{15}{30}=\frac{4}{30}=\frac{2}{15}$

④ $2\dfrac{1}{3} - \dfrac{9}{8} - \dfrac{13}{12} = \dfrac{1}{8}$ 　　　答え $\dfrac{1}{8}$ kg

④ $2\dfrac{1}{3} - \dfrac{9}{8} - \dfrac{13}{12} = 2\dfrac{8}{24} - \dfrac{27}{24} - \dfrac{26}{24}$

$\quad = \dfrac{56}{24} - \dfrac{27}{24} - \dfrac{26}{24} = \dfrac{3}{24} = \dfrac{1}{8}$

---

❶ ① $\dfrac{3}{4}$ 　② $\dfrac{1}{5}$

❶ 分母と分子の最大公約数で、分母、分子をそれぞれわります。

❷ ①> 　②<

❷ ① $\dfrac{2}{3} = \dfrac{14}{21}$ と $\dfrac{4}{7} = \dfrac{12}{21}$ を比べます。

② $\dfrac{5}{6} = \dfrac{20}{24}$ と $\dfrac{7}{8} = \dfrac{21}{24}$ を比べます。

❸ ① $\dfrac{19}{24}$ 　② $1\dfrac{2}{15}$ 　③ $1\dfrac{1}{10}$ 　④ $\dfrac{7}{18}$

　⑤ $\dfrac{11}{12}$ 　⑥ $\dfrac{1}{4}$

❸ ① $\dfrac{5}{8} + \dfrac{1}{6} = \dfrac{15}{24} + \dfrac{4}{24} = \dfrac{19}{24}$

② $\dfrac{5}{6} + \dfrac{3}{10} = \dfrac{25}{30} + \dfrac{9}{30} = \dfrac{34}{30}$

$\quad = 1\dfrac{4}{30} = 1\dfrac{2}{15}$

③ $\dfrac{5}{6} + \dfrac{4}{15} = \dfrac{25}{30} + \dfrac{8}{30} = \dfrac{33}{30} = 1\dfrac{3}{30} = 1\dfrac{1}{10}$

④ $\dfrac{5}{6} - \dfrac{4}{9} = \dfrac{15}{18} - \dfrac{8}{18} = \dfrac{7}{18}$

⑤ $\dfrac{7}{4} - \dfrac{5}{6} = \dfrac{21}{12} - \dfrac{10}{12} = \dfrac{11}{12}$

⑥ $\dfrac{2}{3} - \dfrac{5}{12} = \dfrac{8}{12} - \dfrac{5}{12} = \dfrac{3}{12} = \dfrac{1}{4}$

❹ ① $4\dfrac{1}{8}$ 　② $7\dfrac{1}{2}$ 　③ $3\dfrac{7}{20}$ 　④ $1\dfrac{19}{24}$

❹ ① $1\dfrac{1}{2} + 2\dfrac{5}{8} = 1\dfrac{4}{8} + 2\dfrac{5}{8} = 3\dfrac{9}{8} = 4\dfrac{1}{8}$

② $4\dfrac{11}{14} + 2\dfrac{5}{7} = 4\dfrac{11}{14} + 2\dfrac{10}{14}$

$\quad = 6\dfrac{21}{14} = 7\dfrac{7}{14} = 7\dfrac{1}{2}$

③ $6\dfrac{3}{4} - 3\dfrac{2}{5} = 6\dfrac{15}{20} - 3\dfrac{8}{20} = 3\dfrac{7}{20}$

④ $3\dfrac{5}{8} - 1\dfrac{5}{6} = 3\dfrac{15}{24} - 1\dfrac{20}{24}$

$\quad = 2\dfrac{39}{24} - 1\dfrac{20}{24} = 1\dfrac{19}{24}$

❺ ① $\dfrac{7}{9}$ 　② $\dfrac{2}{5}$

❺ ① $\dfrac{5}{6} - \dfrac{1}{2} + \dfrac{4}{9} = \dfrac{15}{18} - \dfrac{9}{18} + \dfrac{8}{18} = \dfrac{14}{18} = \dfrac{7}{9}$

② $\dfrac{8}{15} + \dfrac{7}{10} - \dfrac{5}{6} = \dfrac{16}{30} + \dfrac{21}{30} - \dfrac{25}{30}$

$\quad = \dfrac{12}{30} = \dfrac{2}{5}$

❻ ①式 $\dfrac{7}{10} - \dfrac{5}{8} = \dfrac{3}{40}$

　　　答え 牛にゅうが $\dfrac{3}{40}$ L 多い。

　②式 $\dfrac{5}{8} + \dfrac{7}{10} = 1\dfrac{13}{40}$ 　答え $1\dfrac{13}{40}$ L

❻ ①通分すると、$\dfrac{5}{8} = \dfrac{25}{40}$ 　　$\dfrac{7}{10} = \dfrac{28}{40}$

　だから、牛にゅうの方が多いです。

$\dfrac{7}{10} - \dfrac{5}{8} = \dfrac{28}{40} - \dfrac{25}{40} = \dfrac{3}{40}$

② $\dfrac{5}{8} + \dfrac{7}{10} = \dfrac{25}{40} + \dfrac{28}{40} = \dfrac{53}{40} = 1\dfrac{13}{40}$

❼ 式 $4\dfrac{1}{3} + \dfrac{4}{9} = 4\dfrac{7}{9}$ 　答え $4\dfrac{7}{9}$ km

❼ $4\dfrac{1}{3} + \dfrac{4}{9} = 4\dfrac{3}{9} + \dfrac{4}{9} = 4\dfrac{7}{9}$

❽ 式 $3\dfrac{1}{6} - \dfrac{5}{8} = 2\dfrac{13}{24}$ 　答え $2\dfrac{13}{24}$ kg

❽ $3\dfrac{1}{6} - \dfrac{5}{8} = 3\dfrac{4}{24} - \dfrac{15}{24} = 2\dfrac{28}{24} - \dfrac{15}{24} = 2\dfrac{13}{24}$

# ⑫ 分数と小数・整数

**1** (1)3 (2)① $\frac{1}{3}$ ②4 ③ $\frac{4}{3}$ ④ $\frac{4}{3}$

**2** (1)①9 ②7 ③ $\frac{9}{7}$ ④ $\frac{9}{7}$

(2)①5 ②7 ③ $\frac{5}{7}$ ④ $\frac{5}{7}$

**❶** ①あ3 ⓘ1.5 ⓊＩ ⓔ0.75 ⓞ0.6
　　ⓚ0.5 ⓚ0.428… ⓛ0.375
　②ⓉＴ3÷Ｉ、3÷3
　　ⓘ3÷2、3÷4、3÷5、3÷6、3÷8
　　ⓤ3÷7

**❷** ① $\frac{1}{5}$ ② $\frac{3}{10}$ ③ $\frac{11}{14}$ ④ $\frac{7}{4}$

**❸** ①8 ②5
　③(例)11、6

**❹** ① $\frac{3}{11}$ 倍 ② $\frac{11}{3}$ 倍

**❷** $● ÷ ▲ = \dfrac{●}{▲}$

**❸** ③ほかに、22と12、33と18、…など、
　約分すると $\frac{11}{6}$ になるいろいろな数が入ります。

**❹** $● ÷ ▲ = \dfrac{●}{▲}$ を使って求めます。

**1** (1)①3 ②4 ③0.75 (2)①100 ②17 ③100
　(3)①3 ②1 ③6 ④2 ⑤9 ⑥3

**2** ①7 ②6 ③1.166… ④1.17 ⑤ $\frac{1}{3}$ ⑥ $\frac{7}{6}$

**❶** ①0.31 ②3 ③1.4

**❷** ① $\frac{9}{10}$ ② $\frac{139}{100}\left(1\frac{39}{100}\right)$

**❸** ①ⓉＴ4 ⓘ8 ⓤ12
　②ⓉＴ8 ⓘ16 ⓤ24

**❹** あ0.4 ⓘ $\frac{4}{5}$ ⓤ $1\frac{1}{5}$ ⓔ1.6

**❺** ① $\frac{3}{5}$ 、0.7、 $\frac{4}{4}$ 、 $1\frac{1}{8}$ 、1.2
　② $1\frac{9}{20}$ 、 $1\frac{1}{2}$ 、1.8、2.1、 $\frac{7}{3}$

**❶** ① $\dfrac{31}{100} = 31 ÷ 100 = 0.31$

　② $\dfrac{9}{3} = 9 ÷ 3 = 3$

　③ $1\dfrac{2}{5} = \dfrac{7}{5} = 7 ÷ 5 = 1.4$

**❷** ①0.9は、0.1が9個分です。
　②1.39は、0.01が139個分です。

**❸** 整数は、分母をどんな整数に決めても分数で表すことができます。

**❹** $\dfrac{2}{5} = 2 ÷ 5 = 0.4$　　$0.8 = \dfrac{8}{10} = \dfrac{4}{5}$

　$1.2 = \dfrac{12}{10} = \dfrac{6}{5} = 1\dfrac{1}{5}$ 、 $1\dfrac{3}{5} = \dfrac{8}{5} = 8 ÷ 5 = 1.6$

**❺** 分数を小数や整数で表して大小を比べます。

　① $\dfrac{4}{4} = 1$ 　　$\dfrac{3}{5} = 0.6$ 　　$1\dfrac{1}{8} = \dfrac{9}{8} = 1.125$

　② $1\dfrac{1}{2} = \dfrac{3}{2} = 1.5$ 　　$\dfrac{7}{3} = 2.33…$

　　$1\dfrac{9}{20} = \dfrac{29}{20} = 1.45$

**❶** ① $\dfrac{3}{8}$ ② $\dfrac{1}{3}$ ③ $\dfrac{8}{3}\left(2\dfrac{2}{3}\right)$ ④ $\dfrac{36}{5}\left(7\dfrac{1}{5}\right)$

**❷** ①0.26 ②5 ③1.75 ④2.8

**❸** ① $\dfrac{4}{5}$ ② $\dfrac{27}{100}$ ③ $\dfrac{27}{20}\left(1\dfrac{7}{20}\right)$

**❹** ①＞ ②＜ ③＝ ④＜

**❺** ① $\dfrac{4}{7}$ 倍 ② $\dfrac{3}{7}$ 倍 ③ $\dfrac{4}{3}$ 倍 $\left(1\dfrac{1}{3}$ 倍$\right)$

**❻** ① $\dfrac{3}{5}$、 $\dfrac{2}{3}$、 0.7、 $\dfrac{3}{4}$
　② $\dfrac{3}{8}$、 $\dfrac{5}{12}$、 0.49、 $\dfrac{1}{2}$

**はってん**

**1** ①⑦3 ④0.33… ②⑦9 ④0.11…

**2** ①⑦ $\dfrac{1}{3}$ ④ $\dfrac{1}{9}$ ⑦ $\dfrac{4}{9}$
　②⑦ $\dfrac{4}{9}$ ④ $\dfrac{1}{9}$ ⑦ $\dfrac{5}{9}$
　③⑦ $\dfrac{1}{3}$ ④ $\dfrac{1}{3}$ ⑦ $\dfrac{2}{3}$

> **おうちのかたへ** 分数には、大別すると2つの意味があります。たとえば $\dfrac{3}{4}$ は、 $\dfrac{1}{4}$ が3つ分、3÷4の商の2通りの解釈ができます。これらがここの学習でつながります。

**❶** わり算の商を分数で表すときは、わる数を分母、わられる数を分子とした分数にします。約分ができる場合には、約分をします。

**❷** ① $\dfrac{13}{50}=13\div50=0.26$

② $\dfrac{20}{4}=20\div4=5$

③ $\dfrac{7}{4}=7\div4=1.75$

④ $2\dfrac{4}{5}=\dfrac{14}{5}=14\div5=2.8$

**❸** ①0.8 は 0.1 の 8 個分です。

$0.1=\dfrac{1}{10}$ だから、 $0.8=\dfrac{8}{10}=\dfrac{4}{5}$

②0.27 は 0.01 の 27 個分です。

$0.01=\dfrac{1}{100}$ だから、 $0.27=\dfrac{27}{100}$

③1.35 は 0.01 の 135 個分です。

$0.01=\dfrac{1}{100}$ だから、 $1.35=\dfrac{135}{100}=\dfrac{27}{20}$

**❹** 分数を小数で表して、大小を比べます。

① $\dfrac{5}{7}=0.71\cdots$ ② $1\dfrac{5}{6}=1.83\cdots$

③ $2\dfrac{1}{4}=2.25$ ④ $3\dfrac{1}{3}=3.33\cdots$

**❺** ① $4\div7=\dfrac{4}{7}$ (倍)

② $3\div7=\dfrac{3}{7}$ (倍)

③ $4\div3=\dfrac{4}{3}$ (倍)

**❻** 分数と小数がまじっているので、分数を小数で表します。

① $\dfrac{2}{3}=0.66\cdots$ $\dfrac{3}{5}=0.6$ $\dfrac{3}{4}=0.75$

② $\dfrac{3}{8}=0.375$ $\dfrac{5}{12}=0.4166\cdots$ $\dfrac{1}{2}=0.5$

**2** $0.22\cdots=0.11\cdots+0.11\cdots=\dfrac{1}{9}+\dfrac{1}{9}=\dfrac{2}{9}$

$0.77\cdots=0.66\cdots+0.11\cdots=\dfrac{2}{3}+\dfrac{1}{9}=\dfrac{7}{9}$

$0.88\cdots=0.77\cdots+0.11\cdots=\dfrac{7}{9}+\dfrac{1}{9}=\dfrac{8}{9}$

また、0.99…は

$0.99\cdots=0.88\cdots+0.11\cdots=\dfrac{8}{9}+\dfrac{1}{9}=1$

となります。

## ⑬ 割合(1)

**ぴったり1 準備　80ページ**

1　①15　②25　③0.6　④13　⑤20　⑥0.65
　⑦大き　⑧小さ　⑨まさと
2　①0.9　②792　③900　④0.88　⑤小

---

**ぴったり2 練習　81ページ**　てびき

**左側**

1　ゆいさん

2　①

3　①0.25　②0　③1　④0.8

4　0.6

**右側（てびき）**

1　3人のシュートの成績は、

えみ $\frac{3}{8}$　たえ $\frac{2}{8}$　ゆい $\frac{2}{5}$

$\frac{3}{8} > \frac{2}{8}$　$\frac{2}{8} < \frac{2}{5}$　$\frac{3}{8} = 0.375$　$\frac{2}{5} = 0.4$

分母同じ　分子同じ　0.375＜0.4

2　比べられる量は客数、もとにする量は座席数です。
　⑦112÷140＝0.8
　①102÷120＝0.85
　となり、割合の大きい方がこんでいるといえます。

3　①3÷12＝0.25
　②比べられる量は0、もとにする量はくじをひいた
　　回数の8です。0÷8＝0
　　比べられる量が0の場合、割合は0になります。
　③比べられる量は正答した数の15、もとにする量
　　は問題数の15です。15÷15＝1
　④比べられる量は出席した人数の、20－4＝16
　　また、もとにする量はクラスの人数の20なので、
　　出席した割合は、16÷20＝0.8

4　51÷85＝0.6

---

**ぴったり1 準備　82ページ**

1　(1)①100　②12　(2)①100　②60　(3)①100　②0.08　(4)①100　②0.26
2　(1)3割　(2)1割6分5厘　(3)0.4　(4)0.736

---

**ぴったり2 練習　83ページ**　てびき

**左側**

1　①あ30　○20　③24
　②100％

2　1両目…85％
　2両目…110％

3　3割7分5厘

4　百分率…88％
　歩合…8割8分

**右側（てびき）**

1　①あ45÷150×100＝0.3　×100＝30（%）
　　○30÷150×100＝0.2　×100＝20（%）
　　③36÷150×100＝0.24×100＝24（%）
　②8+18+30+20+24＝100
　　百分率で表した割合を全部たすと100％にな
　　ります。

2　1両目　102÷120×100＝85（%）
　2両目　132÷120×100＝110（%）
　定員より乗客数が多いときは、百分率は100％
　より大きくなります。

3　打数8回がもとにする量、ヒット数3本が比べられ
　る量です。3÷8＝0.375

4　割合は、528÷600＝0.88

❶ ①0.7
　②としきさんとみのりさん　割合 0.6
　③ひろとさん　割合 0.75

❷ ①0　②0.8　③0.16　④1

❸
| 0.3 | 0.45 | 0.6 | 0.526 | 0.08 |
|---|---|---|---|---|
| 30％ | 45％ | 60％ | 52.6％ | 8％ |
| 3割 | 4割5分 | 6割 | 5割2分6厘 | 8分 |

❹ ①72％、7割2分
　②90％、9割
　③120％、12割

❺ ①シュートが入った割合　②0.6
　③シュートが全部入ったとき

⚑ おうちのかたへ　百分率(パーセント)や歩合は、身近な題材です。まちがった使い方をしていないか、確かめてあげてください。100円の10％はいくら？

⏱ しあげの5分レッスン　比べられる量ともとにする量をきちんと区別できますか。割合の1は、百分率では100％、歩合では10割です。この区別にも注意。

❶ ①28÷40＝0.7
　②としき 18÷30＝0.6、ひろと 24÷32＝0.75
　　ゆりこ 14÷28＝0.5、みのり 21÷35＝0.6

❷ ①比べられる量は0で、割合は0です。
　②52÷65＝0.8
　③136÷850＝0.16
　④15÷15＝1

❹ ①割合は、360÷500＝0.72
　　0.72×100＝72(％)→7割2分。
　②18÷20＝0.9　　0.9×100＝90(％)→9割。
　③108÷90＝1.2、1.2×100＝120(％)
　　百分率で100％のとき、歩合では10割と表します。120％は12割です。

❺ ①記録は、8回シュートして6回入ったことを示しています。6÷8＝0.75なので、0.75はシュートが入った割合を表していると考えられます。
　②比べられる量は6(回)のままで、もとにする量が2増えて10(回)になります。
　　成績は、6÷10＝0.6になります。
　③シュートの成績を表す数は、0から1までの数になります。

# ⑭ 図形の面積

❶ ①4　②7　③4　④7　⑤28　⑥28
❷ ①5　②2　③10　④2.5　⑤4　⑥10

❶ ①6×5＝30　　　　　　答え　30 cm²
　②7×3＝21　　　　　　答え　21 cm²
　③4×4＝16　　　　　　答え　16 cm²
❷ ①8×5＝40　　　　　　答え　40 cm²
　②5×6＝30　　　　　　答え　30 cm²
　③8×12＝96　　　　　答え　96 cm²
❸ ①5×3.6＝18　　　　　答え　18 cm²
　②3×4＝12　　　　　　答え　12 cm²
❹ 24÷6＝4　　　　　　　答え　4 cm

❶ 平行四辺形の高さをたて、底辺を横とする長方形に変えれば、面積を求めることができます。
　①たて5cm、横6cmの長方形ができます。
❷ 垂直に交わっている直線と辺の長さが、それぞれ高さと底辺になります。

❸ 底辺と、底辺に平行な辺との間の長さが、高さになります。
❹ 「平行四辺形の高さ＝面積÷底辺」で求めます。

❶ ①半分($\frac{1}{2}$)　②10　③6　④30
❷ ①2.5　②4　③2　④5　⑤5　⑥2　⑦2　⑧5

**1** ①直線AD　②直線CE　③直線BF

**2** ①8×5÷2＝20　　　　　　答え　20cm²
　　②4×3÷2＝6　　　　　　　答え　6cm²
　　③8×5÷2＝20　　　　　　答え　20cm²

**3** ①4×6÷2＝12　　　　　　答え　12cm²
　　②4×6÷2＝12　　　　　　答え　12cm²
　　③12×2÷10＝2.4　　　　答え　2.4cm
　　④12×2÷8＝3　　　　　　答え　3cm

**1** 底辺に向かいあった頂点から、底辺やそれをのばした直線に垂直になるように引いた直線の長さが高さです。

**2** 「三角形の面積＝底辺×高さ÷2」にあてはめます。高さは、底辺に向かい合った頂点から、底辺やそれをのばした直線に垂直になるように引いた直線の長さです。

**3** ①②底辺と高さが等しい三角形は、面積も等しくなります。「底辺×高さ÷2」にあてはめて求めます。
　③④「高さ＝三角形の面積×2÷底辺」で求められます。

**1** ①半分($\frac{1}{2}$)　②5　③8　④4　⑤26

**2** ①半分($\frac{1}{2}$)　②4　③6　④12

**1** ①(8＋14)×5÷2＝55　　　答え　55cm²
　　②(4＋9)×4÷2＝26　　　答え　26cm²
　　③(8＋10)×6÷2＝54　　　答え　54cm²

**2** ①16×8÷2＝64　　　　　　答え　64cm²
　　②8×8÷2＝32　　　　　　答え　32cm²
　　③7×10÷2＝35　　　　　　答え　35cm²

**3** (5＋3)×(4＋3)÷2＝28　　答え　28cm²

**4** ①8×3÷2＝12
　　　8×5÷2＝20
　　　12＋20＝32　　　　　　答え　32cm²
　　②(例)7×2÷2＝7
　　　　　7×4÷2＝14
　　　　　4×4÷2＝8
　　　　　7＋14＋8＝29　　　答え　29cm²
　　③5×2.4÷2＝6
　　　5×2÷2＝5
　　　4×1÷2＝2
　　　6＋5＋2＝13　　　　　答え　13cm²

**1** 「台形の面積＝(上底＋下底)×高さ÷2」にあてはめます。

**2** 「ひし形の面積＝対角線×対角線÷2」にあてはめます。
　②は正方形です。
　正方形の面積も、この公式で求めることができます。

**3** 2本の対角線が垂直に交わっている四角形の面積も、ひし形と同じように、「対角線×対角線÷2」で求めることができます。
　また、上下2つの三角形の面積の和として求めると、
　8×4÷2＋8×3÷2＝28(cm²)

**4** ①底辺が8cm、高さが3cmの三角形と、底辺が8cm、高さが5cmの三角形を合わせたものと考えます。
　②2本の対角線を引いて、3つの三角形の面積の和として求めます。
　　三角形ABE＝7×2÷2
　　　　　　　＝7(cm²)
　　三角形CBE＝7×4÷2
　　　　　　　＝14(cm²)
　　三角形ECD＝4×4÷2
　　　　　　　＝8(cm²)

　また、三角形ABEと台形BCDEの面積の和として求めることもできます。
　③3つの三角形の面積の和として求めます。

❶ ①⑦底辺 ⑦高さ ②⑦底辺 ⑦高さ
　③⑦上底 ⑦下底 ⑦高さ
　④⑦対角線 ⑦対角線

❷ ①式　$8 \times 5.8 = 46.4$　　　答え　$46.4 \text{ cm}^2$
　②式　$14 \times 12 \div 2 = 84$　　答え　$84 \text{ cm}^2$
　③式　$3 \times 8 \div 2 = 12$　　　答え　$12 \text{ cm}^2$
　④式　$(2+8) \times 5 \div 2 = 25$　答え　$25 \text{ cm}^2$
　⑤式　$(3+7) \times 10 \div 2 = 50$　答え　$50 \text{ cm}^2$
　⑥式　$10 \times 6 \div 2 = 30$　　答え　$30 \text{ cm}^2$

❸ ①式　$12 \times 6 \div 2 = 36$　　$12 \times 3 \div 2 = 18$
　　　　$36 + 18 = 54$　　　　答え　$54 \text{ cm}^2$
　②式　$(8+13) \times 12 \div 2 = 126$
　　　　$5 \times 12 \div 2 = 30$
　　　　$126 + 30 = 156$　　答え　$156 \text{ cm}^2$
　③式　$4 \times 4 \div 2 = 8$
　　　　$4 \times 9 \div 2 = 18$
　　　　$8 + 18 = 26$　　　　答え　$26 \text{ cm}^2$

❹ 式　$4 \times 3 \div 2 = 6$
　　　$6 \times 2 \div 5 = 2.4$　　答え　$2.4 \text{ cm}$

❺ ①4 cm
　②9 cm
　③辺BF…6 cm
　　面積…25 cm²

❷ 面積を求める公式を使って求めます。
　底辺に垂直な直線の長さが高さになります。

❸ ①2つの三角形の面積を合わせたものが求める四角
　　形の面積です。
　②1本の対角線を引いて、台形と三角形の面積の和
　　として求めます。
　③色のついた部分を2つの三角形に分けて面積を合
　　わせます。
　　底辺13cm、高さ10cmの三角形の面積から、
　　底辺13cm、高さ6cmの三角形の面積をひい
　　て求めることもできます。

❹ 三角形ABCの面積は、$4 \times 3 \div 2 = 6$（cm²）、
　高さは、「面積×2÷底辺」で求められます。

❺ ①角AEDの大きさは、$180° - (45° + 90°) = 45°$
　　なので、三角形AEDは直角二等辺三角形です。
　　よって、ED＝AD＝4（cm）
　②①と同じようにして、三角形ABCも直角二等辺
　　三角形なので、BC＝AC＝$4 + 5 = 9$（cm）です。
　③BFの長さは、$9 - 3 = 6$（cm）
　　台形EBFDの面積は、$(4+6) \times 5 \div 2 = 25$（cm²）

**しあげの5分レッスン** 公式は正しく使えないと役に立ちません。底辺はどこ？高さはどれ？などと、くり返し練習して、きちんと理解しておきましょう。計算ミスも多くなりやすいので、ゆっくり、ていねいに。

## ⑮ 正多角形と円

❶ (1)二等辺三角形　(2)①45　②45　③67.5　(3)①67.5　②135
❷ ①5　②360　③5　④72

❶ ①⑦正四角形（正方形）
　　⑦正九角形
　②⑦90°　⑦140°

❶ ①辺の数がいくつあるか数えます。
　②⑦四角形の4つの角の大きさの和は360°です。
　　　正四角形の4つの角の大きさはすべて等しいか
　　　ら、1つの角の大きさは、$360° \div 4 = 90°$です。
　　⑦九角形は1つの頂点から引いた対角線で7つの
　　　三角形に分けられるので、九角形の9つの角の
　　　大きさの和は、$180° \times 7 = 1260°$です。
　　　正九角形の1つの角の大きさは、
　　　$1260° \div 9 = 140°$です。

**2** ①60° ②正三角形 ③120° ④4 cm

**3** ①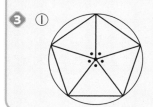 ②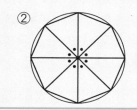

**2** ①360°÷6＝60°
②①から、(180°－60°)÷2＝60°
　だから、正六角形の中の6つの三角形はすべて正三角形になります。
③⑦の角度は、60°×2＝120°になります。
④ＡＢの長さは、この円の半径と等しくなります。

**3** ①360°÷5＝72°だから、
　円の中心のまわりを72°ずつに分けて半径を順にかき、そのはしの点を直線で結んでいきます。
②360°÷8＝45°だから、
　円の中心のまわりを45°ずつに分けます。

---

**ぴったり1 準備　96ページ**

**1** (1)①5　②15.7　③15.7
　　(2)①3　②18.84　③18.84
**2** ①94.2　②3.14　③94.2　④30　⑤30

---

**ぴったり2 練習　97ページ**　　**てびき**

**1** ①62.8 cm　②25.12 m　③37.68 cm
④172.7 cm

**1** 「円周＝直径×3.14」にあてはめて、円周の長さを求めます。
①20×3.14＝62.8
②8×3.14＝25.12
③6×2×3.14＝37.68
④27.5×2×3.14＝172.7

**2** ①314÷3.14＝100　　　　答え　100 cm
②188.4÷3.14＝60　　　　答え　60 cm

**2** 直径の長さを□cmとします。
①□×3.14＝314 だから、
　□＝314÷3.14＝100 です。
②□×3.14＝188.4 だから、
　□＝188.4÷3.14＝60 です。

**3** 7.85÷3.14＝2.5　　　　答え　2.5 m

**3** 直径の長さを□mとすると、
□×3.14＝7.85 だから、
□＝7.85÷3.14＝2.5 です。

**4** 4×2×3.14＋2×2×3.14＝37.68
　　　　　　　答え　37.68 cm

**4** 半径4 cm の円の円周と、半径2 cm の円の円周をたします。円周は「半径×2×3.14」で求めます。

---

**ぴったり3 確かめのテスト　98〜99ページ**　　**てびき**

**1** ①円周率　②直径　③円周
**2** ①正五角形　②二等辺三角形　③72°　④108°

**3** ①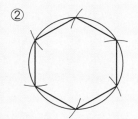 ②

**4** ①正十角形　②正八角形

**2** ②2つの辺が等しいので、二等辺三角形になります。
③360°÷5＝72°
④③から、(180°－72°)÷2＝54°
　54°×2＝108°

**3** ①360°÷6＝60° なので、
　円の中心のまわりを60°ずつに分けて半径を順にかき、そのはしの点を直線で結んでいきます。
②正六角形の1辺の長さは、円の半径と等しいので、コンパスで円のまわりを半径の長さで区切って、頂点を直線で結んでいきます。

**4** ①360°÷36°＝10
②360°÷45°＝8

31

**5** ①式　6×3.14＝18.84　　　　答え　18.84 m

②式　5.5×2×3.14＝34.54

　　　　　　　　　　　　答え　34.54 cm

③式　125.6÷3.14＝40　　　答え　40 cm

**6** 図の八角形は、8本の辺の長さはすべて等しいですが、8個の角の大きさがすべて等しいわけではないので、正八角形とはいえません。

**7** ①式　20×3.14÷2＝31.4　　　答え　31.4 m

②式　10×3.14÷2×2＝31.4

　　　　　　　　　　　　答え　31.4 m

③等しくなっている。

**5** ①円周＝直径×3.14

②円周＝半径×2×3.14

③直径＝円周÷3.14

**6** 正多角形は、次の2つのことが必要です。

・辺の長さがすべて等しい。

・角の大きさがすべて等しい。

片方だけでは、正多角形とはいえません。

**7** ①A→C→Bのコースは、直径20 mの円の円周の半分になります。

②A→E→D→F→Bのコースは、直径10 mの円の円周の半分の2倍になります。

③①と②から、2つの道のりは等しくなります。

# ⑯ 体積

**ぴったり1 準備　100ページ**

**1** ①3　②15　③15　④30　⑤30　⑥30

**2** (1)①5　②7　③6　④210　⑤210

　　(2)①6　②6　③6　④216　⑤216

**ぴったり2 練習　101ページ**　　　　　　てびき

**1** ①3×4×3＝36　　　　　　　答え　36 cm³

②4×3+4＝16　　　　　　　答え　16 cm³

**2** ①8×12×6＝576　　　　　答え　576 cm³

②10×5×2＝100　　　　　答え　100 cm³

③5×5×5＝125　　　　　　答え　125 cm³

④8×8×8＝512　　　　　　答え　512 cm³

**3** 6×4×2＝48　　　　　　　答え　48 cm³

**1** 立方体の個数を数えます。

②1だん目と2だん目に分けます。

**2** 「直方体の体積＝たて×横×高さ」です。

「立方体の体積＝1辺×1辺×1辺」です。

**3** たてが6 cm、横が4 cmの面を底面にすると、高さは2 cmになります。

**ぴったり1 準備　102ページ**

**1** ①4　②24　③24

**2** ①3　②2　③3　④2　⑤138　⑥5　⑦3　⑧138　⑨138

**ぴったり2 練習　103ページ**　　　　　　てびき

**1** ①2×3×1＝6　　　　　　　答え　6 m³

②2×7×4＝56　　　　　　　答え　56 m³

**2** ①4×3×0.5＝6　　　　　　答え　6 m³

　　400×300×50＝6000000

　　　　　　　　　答え　6000000 cm³

②0.6×0.5×1.2＝0.36　　答え　0.36 m³

　　60×50×120＝360000

　　　　　　　　　答え　360000 cm³

**1** どちらも直方体だから、体積は

「直方体の体積＝たて×横×高さ」の公式で求めます。

**2** 単位をそろえて計算します。

①50 cm＝0.5 m

　4 m＝400 cm　　3 m＝300 cm

②60 cm＝0.6 m

　0.5 m＝50 cm　　1.2 m＝120 cm

また、体積をm³で求めたあとで、

1 m³＝1000000 cm³を使うと、

①6×1000000＝6000000（cm³）

②0.36×1000000＝360000（cm³）

③①$10×10×4-4×2×4=368$

答え　368 cm³

②$20×12×(10+5)-20×7×10=2200$

答え　2200 cm³

③①一部がかけていると考えて、大きい直方体の体積から小さい直方体の体積をひいて求めます。

また、2つの直方体に分けて求めてもよいです。

$(10-4)×10×4+4×(10-2)×4=368$

②大きい直方体の体積から、小さい直方体の体積をひいて求めます。

また、2つの直方体に分けて求めてもよいです。

$20×5×10+20×12×5=2200$

---

**ぴったり1 準備　104 ページ**

❶ ①10　②1000　③500000　④0.5

❷ ①7　②6　③7　④7　⑤6　⑥294　⑦294

---

**ぴったり2 練習　105 ページ**　てびき

❶ ㋐1　㋑1000　㋒1000　㋓1　㋔1
㋕1000000

❷ ①3000　②56　③4000　④0.86

❸ ①たて…25 cm
　　横…50 cm
②40 cm
③$25×50×40=50000$

答え　50000 cm³

❶ 1辺の長さが10倍になると、体積は1000倍になります。1L＝10 cm×10 cm×10 cmをもとにして理解しておきましょう。

❷ 1L＝1000 cm³
　1 m³＝1000 L　　1 m³＝1000000 cm³

❸ ①内のりのたてと横の長さは、厚さの2倍分短くなります。

$27-1×2=25$(cm)　$52-1×2=50$(cm)

②深さは、厚さの分短くなります。

$41-1=40$(cm)

③直方体の体積の公式にあてはめて計算します。

---

**ぴったり3 確かめのテスト　106〜107 ページ**　てびき

❶ ①㋐横　㋑高さ　②㋐1辺　㋑1辺　㋒1辺

❷ ①1700000　②5.1　③3500　④1500

❸ ①$8×5×6.5=260$　　答え　260 cm³
②$12×12×12=1728$　答え　1728 m³
③$4×9×5-2×2×4=164$

答え　164 cm³

④$10×10×4-6×(10-2-2)×4=256$

答え　256 cm³

❹ 式　$1×2×0.8=1.6$　　答え　1.6 m³
式　$100×200×80=1600000$

答え　1600000 cm³

❺ ①式　$16×25×10=4000$

答え　4000 cm³
②4 L

❻ 式　$80×20×40=64000$(cm³)
　　64000 cm³＝64 L
　　$64÷8=8$　　　　答え　8ぱい目

❷ 1 m³＝1000000 cm³　　　1000 cm³＝1 L
　1 m³＝1000 L　　　　　　1 mL＝1 cm³

❸ 直方体の体積＝たて×横×高さ
立方体の体積＝1辺×1辺×1辺
一部がかけた形は、その部分があるものと考えた大きい直方体の体積から、かけた部分の体積をひいて求めます。

いくつかの直方体に分けて、それぞれの体積の和として求めてもよいです。

❹ 単位をそろえて計算します。
　1 cm＝0.01 m　　1 m＝100 cm

❺ ①たてが16 cm、横が25 cm、高さが10 cmの直方体の形の入れ物になります。

②1000 cm³＝1 Lです。

❻ この水そうの内のりのたてと横の長さと深さを計算して、容積を求めます。

$82-1×2=80$、$22-1×2=20$、$41-1=40$
1000 cm³＝1 Lだから、64000 cm³＝64 L

33

①○＝48×□

| 高さ□(cm) | 1 | 2 | 3 | 4 | 5 | 6 |
|---|---|---|---|---|---|---|
| 体積○(cm³) | 48 | 96 | 144 | 192 | 240 | 288 |

②

③比例するといえる。

　理由…高さが2倍、3倍、…になると、

　　　　体積も2倍、3倍、…になっているから。

④432÷48＝9　　　　　　　　答え　9cm

⑦ 「直方体の体積＝たて×横×高さ」だから、

　○＝8×6×□　　　○＝48×□

④432＝48×□　　　□＝432÷48＝9（cm）

> **おうちのかたへ** さいころのような1辺が1cmの立方体の体積を、体積を測る基準とすることから始めます。体積(mLなど)が表示されている物は身近に多くあります。たとえば牛乳パックなどを示すとよいでしょう。

> **しあげの5分レッスン** 体積の公式はむずかしいものではないので、正しく使いましょう。まずは単位がそろっているかをチェック。水のかさとの関係は1L＝1000cm³が基本で、1mL＝1cm³、1kL＝1m³です。

# 17 割合(2)

## ぴったり1 準備　108ページ

❶ (1)①20　②25　③0.8　(2)①25　②20　③1.25

❷ (1)①20　②0.35　③7　④7
　(2)①0.25　②180　③0.25　④720　⑤720

## ぴったり2 練習　109ページ　　　てびき

❶ ①25÷10＝2.5　　　　　　　答え　2.5
　②10÷25＝0.4　　　　　　　答え　0.4

❷ 140×0.45＝63　　　　　　答え　63ページ

❸ 1600×0.15＝240
　1600－240＝1360　　　　答え　1360円

❹ 175cm

❺ 80人

❶

❷ もとにする量は140ページで、割合は45％だから、比べられる量は、140×0.45＝63（ページ）

❸ 値引きされた分の割合が15％だから、
　1600×0.15＝240（円）
　これを定価からひくと、支はらった代金になります。
　または、1600×(1－0.15)＝1600×0.85
　　　　　　　　　　　　　　＝1360（円）

❹ 比べられる量はさとみさんの身長で140cm、割合は80％だから、
　もとにする量＝比べられる量÷割合で求めます。
　140÷0.8＝175（cm）

❺ 比べられる量は乗客数で104人、割合は130％だから、104÷1.3＝80（人）

## ぴったり3 確かめのテスト　110〜111ページ　　　てびき

❶ ①式　8÷50＝0.16　　　　答え　0.16
　②式　50÷8＝6.25　　　　答え　6.25

❷ 式　140×1.05＝147　　　答え　147人

❶ 割合＝比べられる量÷もとにする量
　①比べられる量は、先生の人数の8人です。
　②比べられる量は、児童数の50人です。

❷ 定員の140人はもとにする量です。
　比べられる量＝もとにする量×割合で求めます。
　105％を小数で表すと1.05です。

③ 式　$500 \times 0.4 = 200$
　　　　$500 + 200 = 700$　　　　答え　700円
④ 式　$90 \div 0.18 = 500$　　　　答え　500 ㎡

⑤ 式　$184 \div 1.15 = 160$　　　　答え　160 g

⑥ 式　$3600 \div 0.75 = 4800$　　　答え　4800円

⑦ ①$32 \div 25 = 1.28$　　　　　　答え　1.28
　②南の畑

⑧ ①西店で買う方が 20 円安い。
　②北店で買う方が 28 円安い。

> **おうちのかたへ** 消費税など、街の中には「%」が
> あふれています。算数と生活が結びつく題材です。家の
> 話題にしてください。

> **しあげの5分レッスン** 割合の求め方は学習ずみで
> す。今回は「比べられる量＝もとにする量×割合」を習
> 得しましょう。比べられる量は何か、もとにする量は何
> か、正しく判断して上の式にあてはめます。

③ 次のように求めることもできます。
　$500 \times (1 + 0.4) = 500 \times 1.4 = 700$（円）
④ もとにする量を求めます。
　もとにする量＝比べられる量÷割合 を使います。
　または、もとにする量を□として考えると、
　$\square \times 0.18 = 90$ から、$\square = 90 \div 0.18 = 500$
　となることがわかります。
⑤ 通常の量がもとにする量、冬の間の量が比べられる
　量です。通常の量を１とすると、冬の間の量は、
　$1 + 0.15 = 1.15$ なので、
　もとにする量＝比べられる量÷割合 から、通常の
　量は、$184 \div 1.15 = 160$（g）
⑥ 定価がもとにする量、3600 円が比べられる量です。
　定価を１とすると、3600 円は、$1 - 0.25 = 0.75$
　なので、定価は、$3600 \div 0.75 = 4800$（円）
⑦ ①去年採れた 25 kg はもとにする量、今年採れた
　　32 kg は比べられる量です。
　②南の畑についても、去年採れたいもの量をもとに
　　して、今年採れたいもの量の割合を求めると、
　　$52 \div 40 = 1.3$ です。
　　割合が大きい南の畑の方がよく採れるようになっ
　　たといえます。
⑧ ①北店で支はらう代金は、
　　$500 \times (1 - 0.16) = 500 \times 0.84 = 420$（円）
　　西店で支はらう代金は、$500 - 100 = 400$（円）
　　$420 - 400 = 20$（円）
　②北店で支はらう代金は、
　　$800 \times (1 - 0.16) = 800 \times 0.84 = 672$（円）
　　西店で支はらう代金は、$800 - 100 = 700$（円）
　　$700 - 672 = 28$（円）

# ⑱ いろいろなグラフ

**ぴったり1 準備　112ページ**

1 (1)①35　②28　③22　(2)①5　②20
2 (1)①17　②8　③6　④34
　(2)①300000　②0.35　③105000　④105000

**ぴったり2 練習　113ページ**　てびき

1 ①23 %　②14 %　③3年生

1 円グラフは、分けられた面積の大小で、全体に対す
　るそれぞれの部分の割合を表して、見やすくしたも
　のです。
　0から右まわりに、大きい順にならべます。
　「その他」は割合が大きくても最後に書きます。
　③3年生の割合は 17 %、4年生の割合は 16 %

**②** ①あ18 ⓘ10 ⑤7 ②6 お9
　　②か17 き33 ⓒ25 け10 ㋙15 さ100

飼ってみたいペット

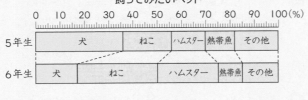

**②** ①あ50×0.36=18　　ⓘ50×0.2=10
　　⑤50×0.14=7　　②50×0.12=6
　　お50×0.18=9
　　②か10÷60=0.166…　約17%
　　き20÷60=0.333…　約33%
　　ⓒ15÷60=0.25　25%
　　け6÷60=0.1　　10%
　　㋙9÷60=0.15　15%
　　さ17+33+25+10+15=100
　　帯グラフのペットの順番は5年生の帯グラフに合
　　わせて表します。

---

ぴったり3 **確かめのテスト** 114〜115 ページ　　てびき

**❶** ①もも…34%、メロン…24%
　　②約45900 t
　　③約165000 t
**❷** ①住宅地…39%　　　商業地…24%
　　　山林…18%　　　　耕地…13%
　　②62.4 km²
**❸**

図書室の本の種類別のさっ数と割合

| 種類 | 物語 | 自然科学 | 社会 | 辞典 | その他 | 合計 |
|---|---|---|---|---|---|---|
| さっ数<br>(さつ) | 784 | 463 | 280 | 166 | 357 | 2050 |
| 割合(%) | 38 | 23 | 14 | 8 | 17 | 100 |

図書室の本の種類別のさっ数の割合

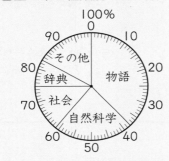

**❹** ①

世界の地域別人口の割合

②㋐約8億人　ⓘ約37億人

**❶** ②135000×0.34=45900
　　③□×0.24=39600
　　　□=39600÷0.24=165000
**❷** ②160×0.39=62.4

**❸** 物語　　　784÷2050=0.382…
　　自然科学　463÷2050=0.225…
　　社会　　　280÷2050=0.136…
　　辞典　　　166÷2050=0.080…
　　その他　　357÷2050=0.174…

**❹** ①地域順は1970年の帯グラフに合わせて表します。
　　アジア、アフリカが人口の割合を増やし、ヨーロッ
　　パ、北アメリカが割合を減らしていることが、目
　　で確かめられます。
　　②㋐億の単位で計算します。
　　　78.4×0.1=7.84　　約8億人です。
　　ⓘ1970年、ヨーロッパの人口の割合は18%
　　　と読み取れます。□×0.18=6.6
　　　□=6.6÷0.18=36.6…　約37億人です。

# ⑲ 立体

**ぴったり1 準備** **116**ページ

**1** (1)三角柱、六角柱　(2)平行　(3)長方形
**2** ①平行　②側面　③曲面

**ぴったり2 練習** **117**ページ

**てびき**

**1**

| ⑦ | ⑦ | ⑦ | ⑦ |
|---|---|---|---|
| 三角柱 | 四角柱<br>(直方体) | 五角柱 | 六角柱 |
| 5 | 6 | 7 | 8 |
| 6 | 8 | 10 | 12 |
| 9 | 12 | 15 | 18 |

**2** ①円、合同　②円柱　③高さ
**3** ①四角柱
　　②4つ
　　③辺AE、辺BF、辺CG、辺DH

**1** 角柱の名前は、底面の形から判断します。
　また、次の関係があります。
　　面の数＝底面の数＋底面の辺の数
　頂点の数＝底面の頂点の数×2
　　辺の数＝底面の辺の数×3

**2** 円柱の2つの底面は、合同で平行です。
**3** ①底面は四角形だから、四角柱です。
　　　底面は正方形や長方形とは限りません。
　　②4つの側面はすべて底面と垂直です。
　　③2つの底面に垂直な直線の長さを高さといいます。
　　　側面は長方形だから、AEとADの間の角などは
　　　すべて直角です。

**ぴったり1 準備** **118**ページ

**1** ①BE　②CF　③DF（①と②は入れかわってもよい）
**2** ①5　②9
**3** ①長方形　②5　③4　④12.56

**ぴったり2 練習** **119**ページ

**てびき**

**1**

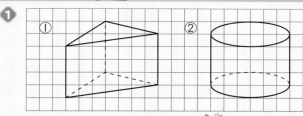

**2** ①底面…三角形CDEと三角形KJH
　　　側面…長方形ABFG
　　②直線AB（KC、HE、GF）
　　③AB…4cm、AG…9cm
　　④点Gと点J
**3** AB…3cm、AD…6.28cm

**1** 見取図では、平行な辺は平行にかき、見えない辺は
　点線でかきます。
　方眼を利用して、平行な線をかきましょう。

**2** ①合同な2つの面が底面です。
　　　側面の展開図は長方形になります。
　　②2つの底面に垂直な直線の長さが高さになります。
　　③直線AGの長さは、底面のまわりの長さと等しく
　　　なるから、3＋3＋3＝9（cm）
　　④辺AKと辺JKが重なり、辺JHと辺GHが重な
　　　るので、3つの点A、G、Jが重なります。
**3** 円柱の側面の展開図のたての長さが高さに等しく、
　横の長さが底面の円の円周の長さに等しくなります。
　円周＝2×3.14＝6.28（cm）

① ①六角柱 ②8つ ③12個 ④18本 ⑤1つ
⑥6つ

② ①円柱 ②円 ③2つ
④3×2×3.14＝18.84 　答え　約18.8cm
⑤6cm

③ ①6cm
②点J
③⑦4cm 　①5cm

④ ①五角柱 　②四角柱

⑤ ①

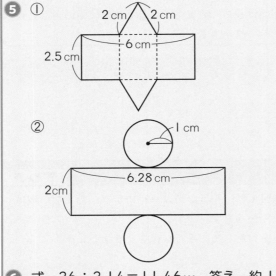

⑥ 式　36÷3.14＝11.46… 　答え　約11.5cm

① ②面の数＝2＋6＝8（つ）
③頂点の数＝6×2＝12（個）
④辺の数＝6×3＝18（本）
⑤2つの底面は、平行になっています。
⑥側面は、底面に垂直になっています。

② ④側面の展開図の横の長さは、底面の円の円周の長
さになります。
円周＝半径×2×3.14

③ ①底面は三角形ABK、三角形DCEであり、高さ
は直線BC、直線KE、直線JF、直線HGの長
さです。
②辺ABと辺JH、辺AKと辺JKが重なり、点A
には点Jが集まります。
③⑦辺ABは辺JHと重なり、4cmです。
　①辺DEは辺FEと重なり、5cmです。

④ 底面が三角形、四角形、五角形、…の角柱をそれぞ
れ三角柱、四角柱、五角柱、…といいます。

⑤ ①側面の部分の長方形のたては2.5cm、横は、
2＋2＋2＝6（cm）
になります。
②側面の部分の長方形のたては2cm、横は、
1×2×3.14＝6.28（cm）
になります。

⑥ 底面の円の円周は、36cmになります。
「直径＝円周÷3.14」にあてはめます。

## ⑳ データの活用

① (1)①18 　②22 　③B 　(2)①B 　②人数
(3)①0.18 　②450 　③0.22 　④440 　⑤A

**1** ①医務室を利用した児童数は同じだから、割合が大きい 2016 年の方が、けがの手当てを受けた児童数が多いです。

②割合が同じだから、医務室を利用した児童数が多い 2019 年の方が、けがの手当てを受けた児童数が多いです。

**2** 正しいとはいえません。

**1** 実際に人数を求めて比べることもできます。

①700×0.4＝280、700×0.3＝210 なので、2016 年は 280 人、2017 年は 210 人です。

だから、けがの手当てを受けた児童数は、2016 年の方が多いです。

②800×0.2＝160、900×0.2＝180 なので、2018 年は 160 人、2019 年は 180 人です。

だから、けがの手当てを受けた児童数は、2019 年の方が多いです。

**2** 表をもとにして考えると、

2000～2010 年で、1 年あたりに増えた輸入率は、

(19.2－18.5)÷10＝0.07(%)

2010～2020 年で、1 年あたりに増えた輸入率は、

(20.7－19.2)÷10＝0.15(%)

となるので、正しいとはいえません。

# 5年のまとめ

**1** ①45.9　②0.759

**2** ①0.48　②18.07　③75　④2.5

**3** ①$1\frac{17}{24}$　②$\frac{1}{5}$　③$4\frac{9}{20}$　④$1\frac{8}{21}$

**1** ①小数点が右へ 2 けた移ります。

②小数点が左へ 2 けた移ります。

**2** ②
$$
\begin{array}{r}
2.78 \\
\times\ 6.5 \\
\hline
1390 \\
1668\ \ \\
\hline
18.070
\end{array}
$$

④
$$
3.5\overline{)8.7.5}
$$
$$
\begin{array}{r}
2.5 \\
70 \\
\hline
175 \\
175 \\
\hline
0
\end{array}
$$

**3** ①$\frac{5}{6}+\frac{7}{8}=\frac{20}{24}+\frac{21}{24}=\frac{41}{24}=1\frac{17}{24}$

②$\frac{2}{3}-\frac{7}{15}=\frac{10}{15}-\frac{7}{15}=\frac{3}{15}=\frac{1}{5}$

③$1\frac{3}{4}+2\frac{7}{10}=1\frac{15}{20}+2\frac{14}{20}$

$\qquad\qquad=3\frac{29}{20}=4\frac{9}{20}$

④$3\frac{1}{6}-1\frac{11}{14}=3\frac{7}{42}-1\frac{33}{42}$

$\qquad\qquad=2\frac{49}{42}-1\frac{33}{42}$

$\qquad\qquad=1\frac{16}{42}=1\frac{8}{21}$

**4** ①72、96
②60
③9
④1、2、3、6

**4** ①8と12の最小公倍数24の倍数が、公倍数になります。
24、48、72、96、120、…
②20の倍数の中から、12の倍数を見つけます。
20、40、60、80、…
③18の約数の中から、27の約数を見つけます。
1、2、3、6、9、18
公約数の中でいちばん大きい数が最大公約数です。
④12の約数1、2、3、4、6、12の中から、18、30の約数を見つけます。

**5** $\dfrac{15}{6}$、2.48、$1\dfrac{7}{8}$、1.8、0.8、$\dfrac{3}{4}$

**5** 分数は小数になおして大きさを比べます。
$\dfrac{3}{4}=3\div4=0.75$　　$\dfrac{15}{6}=15\div6=2.5$
$1\dfrac{7}{8}=\dfrac{15}{8}=15\div8=1.875$

**6** ①式　8.4÷3.5=2.4　　　答え　2.4 kg
②式　2.4×1.8=4.32　　　答え　4.32 kg

**6** ①全体の重さ÷いくつ分＝1Lの重さ
②1Lの重さ×いくつ分＝全体の重さ

---

**まとめのテスト　125ページ**　　てびき

**1** ①H　②EF　③G

**1** ②頂点Bに対応する頂点は頂点E、頂点Cに対応する頂点は頂点Fだから、辺BCに対応する辺は、辺EFになります。

**2** ①35°　②105°　③70°
④㋤30°　㋥90°

**2** ①180°−(40°+105°)=35°
②45°+60°=105°
③360°−(85°+90°+115°)=70°
④三角形ABDは正三角形だから、角㋐は60°、角㋑は120°、三角形DBCは二等辺三角形だから、
角㋤は、(180°−120°)÷2=30°
角㋥は、60°+30°=90°

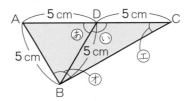

**3** ①式　4.8×4÷2=9.6　　　答え　9.6 cm²
②式　6×8=48　　　答え　48 cm²
③式　15×10÷2=75　　　答え　75 cm²
④式　(12+7)×8÷2=76　　　答え　76 cm²
**4** 式　(10+12)×8÷2+10×2.8÷2=102
答え　102 cm²

**3** ①三角形の面積＝底辺×高さ÷2
②平行四辺形の面積＝底辺×高さ
③ひし形の面積＝対角線×対角線÷2
④台形の面積＝(上底＋下底)×高さ÷2
**4** 台形と三角形に分けて求めます。

---

**まとめのテスト　126ページ**　　てびき

**1** ①㋐36°　㋑72°　②144°

**1** ①㋐360°÷10=36°
㋑(180°−36°)÷2=72°
②72°×2=144°

**2** ①31.4 cm　②21.98 cm

**2** ①10×3.14=31.4(cm)
②3.5×2×3.14=21.98(cm)

**③** ①1476 m³  ②10680 cm³

**④** ①18個  ②27本

**⑤**

---

**③** ①10×20×9－4×(20－6－5)×9
　　＝1476(m³)
　　②20×18×25＋20×(32－18)×6
　　＝10680(cm³)

**④** □角柱の頂点の数は□×2、辺の数は□×3で求められます。

**⑤** ①側面の部分の長方形のたては、2 cm、横は、
　　2.5＋2＋1.5＝6(cm)
　　になります。
　　②側面の部分の長方形のたては、1.5 cm、横は、
　　1×2×3.14＝6.28(cm)
　　になります。

---

### まとめのテスト　127ページ　てびき

**①** ①

| 長さ(m) | 1 | 2 | 3 | 4 | 5 | 6 |
|---|---|---|---|---|---|---|
| 重さ(g) | 6 | 12 | 18 | 24 | 30 | 36 |

②〇＝6×□
③10.5 m

**②** 59 g

**③** 40×100×40＝160000
160000 cm³＝160 L
160÷(20÷5)＝40　　　　答え　40分

**④** ㋐300÷20＝15
㋑350÷23＝15.2…　　　　答え　㋐

**⑤** ①3　②5

---

**①** ②はり金の重さ＝6×はり金の長さ
③63＝6×□　　□＝63÷6＝10.5(m)

**②** 平均＝合計÷個数です。
(60＋63＋54＋58＋62＋57)÷6
＝354÷6＝59(g)

**③** 1 L＝1000 cm³だから、160000 cm³＝160 L
1分間に出る水の量は、20÷5＝4 (L)だから、
160 Lの水を入れるのにかかる時間は、
160÷4＝40(分)

**④** 1ぴきあたりの水の量を調べます。
少ない方がこんでいるといえます。

**⑤** ①道のり＝速さ×時間
75×40＝3000　　3000 m＝3 km
②時間＝道のり÷速さ
240÷48＝5(時間)

**6** ①75 ②114 ③1400 ④2100 ⑤40

**6** ①42÷56＝0.75
②95×1.2＝114
③1190÷0.85＝1400
④3000×(1－0.3)＝2100
⑤もとにする量＝比べられる量÷割合で求めます。
　2÷0.05＝40

**7** 70g

**7** 炭水化物の割合は、全体の35％です。
200×0.35＝70(g)

 # すじ道を立てて考えよう

プログラミングのプ　**128**ページ　　てびき

**1** ①6　②90　③6　④90　⑤6　⑥90　⑦6

**1** 正方形の4つの辺の長さはすべて等しく、4つの角の大きさはすべて等しい(90°)です。
「前に6cm進む→左に90°曲がる」ことをくり返します。

**2** ①9　②120　③9　④120　⑤9

**2** 正三角形の3つの辺はすべて等しく、3つの角の大きさはすべて等しい(60°)です。
「前に9cm進む→左に120°曲がる」ことをくり返します。

てびき

**1** ①21.6  ②0.0216

**2** ①2.5 cm  ②40°

**3** 2.8人

**4** 最小公倍数…60
最大公約数…4

**5** ①

| あめの数□(個) | 1 | 2 | 3 | 4 | 5 | 6 |
|---|---|---|---|---|---|---|
| あめの代金○(円) | 18 | 36 | 54 | 72 | 90 | 108 |

②あめの数

**6** ①55人  ②B町

**7** ①式　1050÷7=150　　　　答え　150円
②式　150×9=1350　　　答え　1350円

**8** ①11.5　②0.348　③9　④0.38

**9** ①4あまり1　②14あまり0.4

**10** 式　2.7×2.7=7.29　　　　答え　7.29 m²

**11** ①1.5倍　②0.8倍　③10.8 cm

**12**
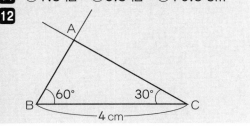

---

**1** ①小数点を右へ1けた移します。
②小数点を左へ2けた移します。

**2** 合同な図形では、対応する辺の長さは等しく、対応
する角の大きさも等しくなっています。
①辺DEに対応している辺は、辺ACです。
②角Eに対応している角は、角Cです。

**3** 平均＝合計÷個数
「個数」は0人だった日もふくめて5(日)です。
(6＋3＋4＋0＋1)÷5=14÷5
　　　　　　　　　　=2.8(人)

**4** 20の倍数から、12の倍数を見つけます。
20、40、60、……
12の約数から、20の約数を見つけます。
1、2、3、4、6、12

**5** ②あめの数が2倍、3倍、…になると、あめの代金
も2倍、3倍、…になるので、あめの代金は、あ
めの数に比例するといえます。

**6** 人口密度＝人口(人)÷面積(km²)
①9240÷168=55
②B町　5680÷98=57.9…＞55

**7** ①1mあたりのねだん＝代金÷長さ
②代金＝1mあたりのねだん×長さ

**8** ①
```
    2.5
  × 4.6
  ─────
    150
  100
  ─────
  11.5 0
```
②
```
    0.6
  ×0.5 8
  ─────
    4 8
   30
  ─────
  0.3 4 8
```
③
```
          9
  3.5)3 1.5
      3 1 5
      ─────
          0
```
④
```
        0.3 8
  6.5)2.4.7
      1 9 5
      ─────
        5 2 0
        5 2 0
        ─────
            0
```

**9** ①
```
        4
  1.8)8.2
      7 2
      ───
      1.0
```
②
```
       1 4
  0.5)7.4
      5
      ───
      2 4
      2 0
      ───
      0.4
```

**10** 正方形の面積＝1辺×1辺

**11** ①15÷10=1.5(倍)
②8÷10=0.8(倍)
③12×0.9=10.8(cm)

**12** まず、4cmの辺BCをかきます。
次に、点Bから60°の角をかいて、点Cから30°
の角をかきます。
その交わった点をAとします。

**13** 86点

**13** 平均点は、合計点÷回数で求められるから、
合計点＝平均点×回数になります。6回のテスト
の平均点が80点になるとき、合計点は、
80×6＝480（点）
になります。6回のテストの合計点が480点にな
るためには、6回目のテストで、
480－（80＋69＋87＋74＋84）
＝480－394＝86（点）
とればよいことになります。

**14** 午前11時40分

**14** 電車とバスの発車する時間の間かくの最小公倍数を
求めます。
10の倍数　10、20、30、40、50、60、70、…
14の倍数　14、28、42、56、70、84、…
だから、最小公倍数は70です。
電車とバスは午前10時30分に同時に出発した後、
70分後にまた同時に出発します。

**15** 式　6.7÷0.7＝9.57…　　　　答え　約9.6g

**15** 重さ＝1mの重さ×長さだから、
1mの重さ＝重さ÷長さで求めます。

# 冬のチャレンジテスト

**てびき**

**1** ①105°　②50°　③135°　④60°

**1** ①70°＋35°＝105°
②二等辺三角形の2つの角は等しいので、⑦にとな
　り合った角の大きさは、65°＋65°＝130°
　⑦の角の大きさは、180°－130°＝50°
③四角形の4つの角の大きさの和は360°です。
　360°－（80°＋55°＋90°）＝135°
④平行四辺形の向かい合った角の大きさは等しいの
　で、180°－120°＝60°

**2** 900°

**2** 七角形は、1つの頂点から
引いた対角線で5つの三角
形に分けられます。
180°×5＝900°
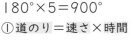

**3** ①1000m　②3分

**3** ①道のり＝速さ×時間
　25×40＝1000（m）
②時間＝道のり÷速さ
　4500÷25＝180（秒）　180秒＝3分

**4** ①$\frac{29}{36}$　②$\frac{1}{6}$　③$2\frac{7}{24}$　④$3\frac{1}{6}$
　⑤$\frac{7}{12}$　⑥$\frac{3}{4}$

**4** ①$\frac{2}{9}+\frac{7}{12}=\frac{8}{36}+\frac{21}{36}=\frac{29}{36}$
②$\frac{19}{15}-\frac{11}{10}=\frac{38}{30}-\frac{33}{30}=\frac{5}{30}=\frac{1}{6}$
③$1\frac{1}{6}+1\frac{1}{8}=1\frac{4}{24}+1\frac{3}{24}=2\frac{7}{24}$
④$5\frac{5}{6}-2\frac{2}{3}=5\frac{5}{6}-2\frac{4}{6}=3\frac{1}{6}$
⑤$\frac{2}{3}+\frac{3}{4}-\frac{5}{6}=\frac{8}{12}+\frac{9}{12}-\frac{10}{12}=\frac{7}{12}$
⑥$\frac{4}{5}-\frac{3}{10}+\frac{1}{4}=\frac{16}{20}-\frac{6}{20}+\frac{5}{20}=\frac{15}{20}=\frac{3}{4}$

**5** ① $\dfrac{6}{7}$ ② $\dfrac{17}{8}\left(2\dfrac{1}{8}\right)$

**6** ①0.4 ②1.25 ③$\dfrac{9}{25}$ ④$1\dfrac{7}{10}$

**7** ①< ②> ③= ④<

**8** ①式 $17÷20=0.85$ 　　　　答え　0.85
　　②式 $5÷5=1$ 　　　　　　　答え　1

**9** ①40％ ②4割 ③160％ ④16割
　　⑤0.74 ⑥7割4分 ⑦0.183 ⑧18.3％

**10** ①式 $5.6×6.5÷2=18.2$ 　答え　18.2 cm²
　　②式 $3.6×8=28.8$ 　　答え　28.8 cm²
　　③式 $(8+12)×7÷2=70$ 　答え　70 cm²
　　④式 $(4+2)×(2+2)÷2=12$
　　　　　　　　　　　　答え　12 cm²

**11** 式 $2.5×2×3.14=15.7$ 　答え　15.7 cm

**12** ①80％ ②130％

---

**5** $●÷▲=\dfrac{●}{▲}$

**6** ①$\dfrac{2}{5}=2÷5=0.4$

　　②$\dfrac{5}{4}=5÷4=1.25$

　　③$0.01=\dfrac{1}{100}$ だから、$0.36=\dfrac{36}{100}=\dfrac{9}{25}$

　　④$0.1=\dfrac{1}{10}$ だから、$1.7=\dfrac{17}{10}=1\dfrac{7}{10}$

**7** 分数を小数になおして比べます。

　　①$\dfrac{2}{7}=2÷7=0.28…$

　　②$\dfrac{9}{8}=9÷8=1.125$

　　③$\dfrac{3}{4}=3÷4=0.75$ 　　$1\dfrac{3}{4}=1.75$

　　④$\dfrac{1}{6}=0.16…$ 　　$2\dfrac{1}{6}=2.16…$

**8** 割合を求める問題です。

　　割合＝比べられる量÷もとにする量

　　①比べられる量は17題、もとにする量は20題です。

**9**

| 割合を表す小数 | 1 | 0.1 | 0.01 | 0.001 |
|---|---|---|---|---|
| 百分率 | 100％ | 10％ | 1％ | 0.1％ |
| 歩合 | 10割 | 1割 | 1分 | 1厘 |

　　①割合の1が100％だから、0.4は、
　　　$0.4×100=40（％）$
　　②割合の1が10割だから、0.4は、
　　　$0.4×10=4（割）$
　　⑤1％が0.01だから、74％は、
　　　$74×0.01=0.74$
　　⑥割合の0.1が1割、0.01が1分だから、
　　　74％ → 0.74 → 7割4分
　　⑦1割が0.1、1分が0.01、1厘が0.001
　　　だから、1割8分3厘は、0.183

**10** 底辺やそれをのばした直線に垂直な直線が高さです。
　　①三角形の面積＝底辺×高さ÷2
　　②平行四辺形の面積＝底辺×高さ
　　③台形の面積＝（上底＋下底）×高さ÷2
　　④2つの対角線が垂直に交わっている四角形の面積
　　　は、「対角線×対角線÷2」で求められます。

**11** 円周＝半径×2×3.14

**12** 割合＝比べられる量÷もとにする量
　　小数で表した割合を100倍すると、百分率で表せます。
　　①$72÷90×100=80（％）$
　　②$117÷90×100=130（％）$
　　　定員より乗客数が多いとき、百分率は100％より大きくなります。

**13** 35 cm²

 **14** 140°

**15** $3\frac{17}{20}$

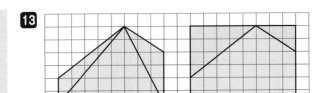

**13** 3つの三角形に分けて、
$2 \times 5 \div 2 + 8 \times 6 \div 2 + 4 \times 3 \div 2 = 35$（cm²）
または、長方形から2つの三角形をのぞいて、
$6 \times 8 - 5 \times 4 \div 2 - 3 \times 2 \div 2 = 35$（cm²）

**14** 九角形は、1つの頂点から引いた対角線で7つの三角形に分けられるので、角の和は、
$180° \times 7 = 1260°$
正九角形の角の大きさはすべて等しいので、1つの角の大きさは、$1260° \div 9 = 140°$

**15** 分母をできるだけ小さく、分子をできるだけ大きくすればよいので、分母は4か5、分子は8か9だから、
$\frac{8}{4} + \frac{9}{5}$ か $\frac{9}{4} + \frac{8}{5}$ のどちらかになります。
$\frac{8}{4} + \frac{9}{5} = 2 + 1\frac{4}{5} = 3\frac{4}{5} = 3\frac{16}{20}$
$\frac{9}{4} + \frac{8}{5} = \frac{45}{20} + \frac{32}{20} = \frac{77}{20} = 3\frac{17}{20}$

---

# 春のチャレンジテスト

**1** ①72 cm³　②64 cm³

**2** ①4000　②9000　③0.73

**3** 330000 cm³、330 L

**4** 式　48×0.75＝36　　　　答え　36 kg

**5** 式　18÷0.3＝60　　　　答え　60本

**1** ①直方体の体積＝たて×横×高さ
　　$4 \times 6 \times 3 = 72$（cm³）
　②立方体の体積＝1辺×1辺×1辺
　　$4 \times 4 \times 4 = 64$（cm³）

**2** ①1 L＝1000 cm³
　②1 m³＝1000 L
　③1 m³＝1000000 cm³

**3** 内のりのたて、横、高さはそれぞれ
　$54 - 2 \times 2 = 50$（cm）、$92 - 2 \times 2 = 88$（cm）、
　$77 - 2 = 75$（cm）なので、容積は、
　$50 \times 88 \times 75 = 330000$（cm³）
　330000 cm³＝330 L

**4** 比べられる量を求める問題です。
もとにする量は兄の体重で48 kg、比べられる量は弟の体重、割合は75％です。
比べられる量＝もとにする量×割合
にあてはめて求めます。

**5** もとにする量を求める問題です。
比べられる量は18本、割合は30％です。
もとにする量＝比べられる量÷割合
で求めます。

**6** ①三角柱
②面5つ、頂点6個、辺9本
③面DEF
④3つ
⑤辺AD（辺BE、辺CF）

**7** ①六角柱
②円柱

**8** 式　1.5×3×0.4＋1.5×1×0.4＝2.4
　　　　　　　　　　答え　2.4 m³

**9** 式　2000－400＝1600
　　　2000×(1－0.15)＝1700
　　　1700－1600＝100
　　　　　　答え　北店の方が100円安い。

**10** 式　160×(1＋0.05)＝168
　　　85－4＝81
　　　(168－81)÷(160－85)＝87÷75
　　　＝1.16
　　　　　　　　　　答え　116％

**11** ①式　36÷12＝3　　　　　　答え　3倍
　　　②式　550×0.3＝165　　　答え　165人

**12** 式　45÷3.14÷2＝7.16…
　　　　　　　　　　　答え　約7.2 cm

**13**
農作物によるしゅう入と割合

| | 米 | 野菜 | くだもの | 麦 | その他 | 合計 |
|---|---|---|---|---|---|---|
| しゅう入（万円） | 270 | 193 | 84 | 59 | 94 | 700 |
| 割合（％） | 39 | 28 | 12 | 8 | 13 | 100 |

農作物によるしゅう入の割合

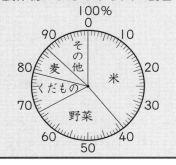

**6** ②面の数　　　2＋3＝5（つ）
　　　頂点の数　3×2＝6（個）
　　　辺の数　　3×3＝9（本）
③2つの底面は、平行で合同です。
④底面と側面の関係は、垂直です。
⑤2つの底面に垂直な直線の長さを高さといいます。

**7** 2つの底面の形を見ます。
①2つの底面は六角形　→　立体は六角柱
②2つの底面は円　→　立体は円柱

**8** 2つの直方体に分けて求めます。
単位をmにそろえると、
150 cm＝1.5 m
40 cm＝0.4 m です。

**9** 比べられる量＝もとにする量×割合

**10** 今年の5年生の人数は、
160×(1＋0.05)＝160×1.05＝168（人）
また、去年、今年の女子の人数はそれぞれ85人、
85－4＝81（人）なので、去年、今年の男子の人数
はそれぞれ160－85＝75（人）、168－81＝87
（人）と求まります。

**11** ①4人家族の児童数の割合は、36％
　　3人家族の児童数の割合は、
　　78－66＝12（％）
②5人家族の児童数の割合は、
　　66－36＝30（％）
　　比べられる量＝もとにする量×割合
　　にあてはめます。

**12** 半径＝円周÷3.14÷2

**13** 米　　　　270÷700×100＝38.5…
　　　　　　　　　　　　　→ 39％
野菜　　　193÷700×100＝27.5…
　　　　　　　　　　　　　→ 28％
くだもの　84÷700×100＝12（％）
麦　　　　59÷700×100＝8.4…
　　　　　　　　　　　　　→ 8％
その他　　94÷700×100＝13.4…
　　　　　　　　　　　　　→ 13％

**1** ①68 ②0.634

**2** ①0.437 ②20.57 ③156

④3.25 ⑤$\frac{6}{5}$($1\frac{1}{5}$) ⑥$\frac{1}{6}$

**3** $\frac{5}{2}$、2、$1\frac{1}{3}$、$\frac{3}{4}$、0.5

**4** ⑤、⑥、⑥

**5** ①36 ②奇数

**6** ①6人

②えん筆…4本、消しゴム…3個

**7** ①6cm ②36 cm²

**8** 19 cm³

**9** ①三角柱 ②6cm ③12 cm

**10** 辺AC、角B

**11** 108°

**12** 500 mL

**13** ①式 72÷0.08＝900

答え 900 t

②

**ある町の農作物の生産量**

| 農作物の種類 | 米 | 麦 | みかん | ピーマン | その他 | 合計 |
|---|---|---|---|---|---|---|
| 生産量(t) | 315 | 225 | 180 | 72 | 108 | 900 |
| 割合(%) | 35 | 25 | 20 | 8 | 12 | 100 |

③ **ある町の農作物の生産量**

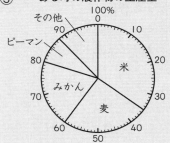

**14** ①式 (7＋6＋13＋9)÷4＝8.75

答え 8.75本

②⑦

**15** ①

| 直径の長さ（○cm） | 1 | 2 | 3 | 4 |
|---|---|---|---|---|
| 円周の長さ（△cm） | 3.14 | 6.28 | 9.42 | 12.56 |

②○×3.14＝△ ③比例

④短いのは…直線アイ（の長さ）

わけ…（例）1つの円の円周の長さは
直径の3.14倍で、直線
アイの長さは直径の3倍
だから。

**1** ①小数点を右に2けた移します。

②小数点を左に1けた移します。小数点の左に0をつけく
わえるのをわすれないようにしましょう。

**3** 分数をそれぞれ小数になおすと、

$\frac{5}{2}$＝5÷2＝2.5、 $\frac{3}{4}$＝3÷4＝0.75、

$1\frac{1}{3}$＝1＋1÷3＝1＋0.33…＝1.33…

**4** 例えば、⑤、⑥の速さを、それぞれ分速になおして比べます。

⑤ 15×60＝900 分速900 m

⑥ 60 km は 60000 m で、60000÷60＝1000

分速 1000 m

**5** ①9と12の最小公倍数を求めます。

②・2組の人数は1組の人数より1人多い

・2組の人数は偶数だから、1組の人数は、偶数－1で、
奇数になります。

**6** ①24と18の最大公約数を求めます。

**7** ①台形ABCDの高さは、三角形ACDの底辺を辺ADとしたと
きの高さと等しくなります。12×2÷4＝6（cm）

②(4＋8)×6÷2＝36（cm²）

**8** 例えば、右の図のように、3つの
立体に分けて計算します。

⑤6×1×1＝6（cm³）

⑥(3＋1)×(5－1－1)×1＝12（cm³）

⑦1×1×1＝1（cm³）

だから、あわせて、6＋12＋1＝19（cm³）

ほかにも、分け方はいろいろ考えられます。

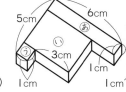

**9** ③ABの長さは、底面のまわりの長さになります。
だから、5＋3＋4＝12（cm）

**10** 辺ACの長さ、または角Bの大きさがわかれば、三角形をか
くことができます。

**11** 正五角形は5つの角の大きさがすべて等しいので、
1つの角の大きさは、540°÷5＝108°

**12** これまで売られていたお茶の量を□mLとして式をかくと、

□×(1＋0.2)＝600

□を求める式は、600÷1.2＝500

**13** ①（比べられる量）÷（割合）でもとにする量が求められます。

**14** ②1組と4組の花だんは面積がちがいます。花の本数でこみ
ぐあいを比べるときは、面積を同じにして比べないと比べ
られないので、⑦はまちがっています。

**15** ③「比例の関係」、「比例している」など、「比例」ということば
が入っていれば正解です。

④わけは、円周の長さと直線アイの長さがそれぞれ直径の何
倍になるかで比べられていれば正解とします。